AF343459

PETITE BIBLIOTHÈQUE
DE
CULTURE GÉNÉRALE

La Bibliothèque « Cosmos » a pour objet de permettre à chacun, par la lecture d'un seul petit ouvrage, de se faire une idée exacte des questions qui forment une science. A cet effet, la rédaction des volumes de la Collection Cosmos a été confiée, non à des spécialistes de la vulgarisation scientifique, mais à des savants, qui ont su, sans se départir d'un esprit hautement scientifique, rester accessible à tous. La Collection Cosmos n'exige du lecteur aucune connaissance spéciale préalable et s'adresse à tous ceux, sans distinction, qui veulent ne pas être étrangers aux choses de l'intelligence. On trouvera dans les petits livres, qu'elle réunit un moyen commode d'acquérir — et d'entretenir — ces clartés de tout qui, aujourd'hui plus que jamais, sont le complément indispensable de l'éducation. L'étudiant y aura recours au début pour embrasser d'un coup d'œil la matière qu'il se propose d'approfondir : on a souvent recommandé cette vue de l'ensemble précédant l'examen attentif du détail. Le spécialiste même s'y intéressera par curiosité de connaître ce qu'on a pu exposer d'une science en si peu de pages.

Aux amis, aux conseillers de la jeunesse, il convient pareillement de signaler la Bibliothèque « Cosmos », qui mérite, à tous égards, de retenir leur attention. En faisant connaître dans les milieux auxquels va leur sollicitude les petits ouvrages clairs, précis et fortement pensés dont elle se compose, ils contribueront à y développer ce goût du savoir, qui est une source de grandeur pour un peuple.

L'ASTRONOMIE

ARMAND LAMBERT

ASTRONOME A L'OBSERVATOIRE DE PARIS

CHARGÉ DE CONFÉRENCES A LA FACULTÉ DES SCIENCES

L'ASTRONOMIE

ALBIN MICHEL, EDITEUR

PARIS, 22, RUE HUYGHENS, 22, PARIS

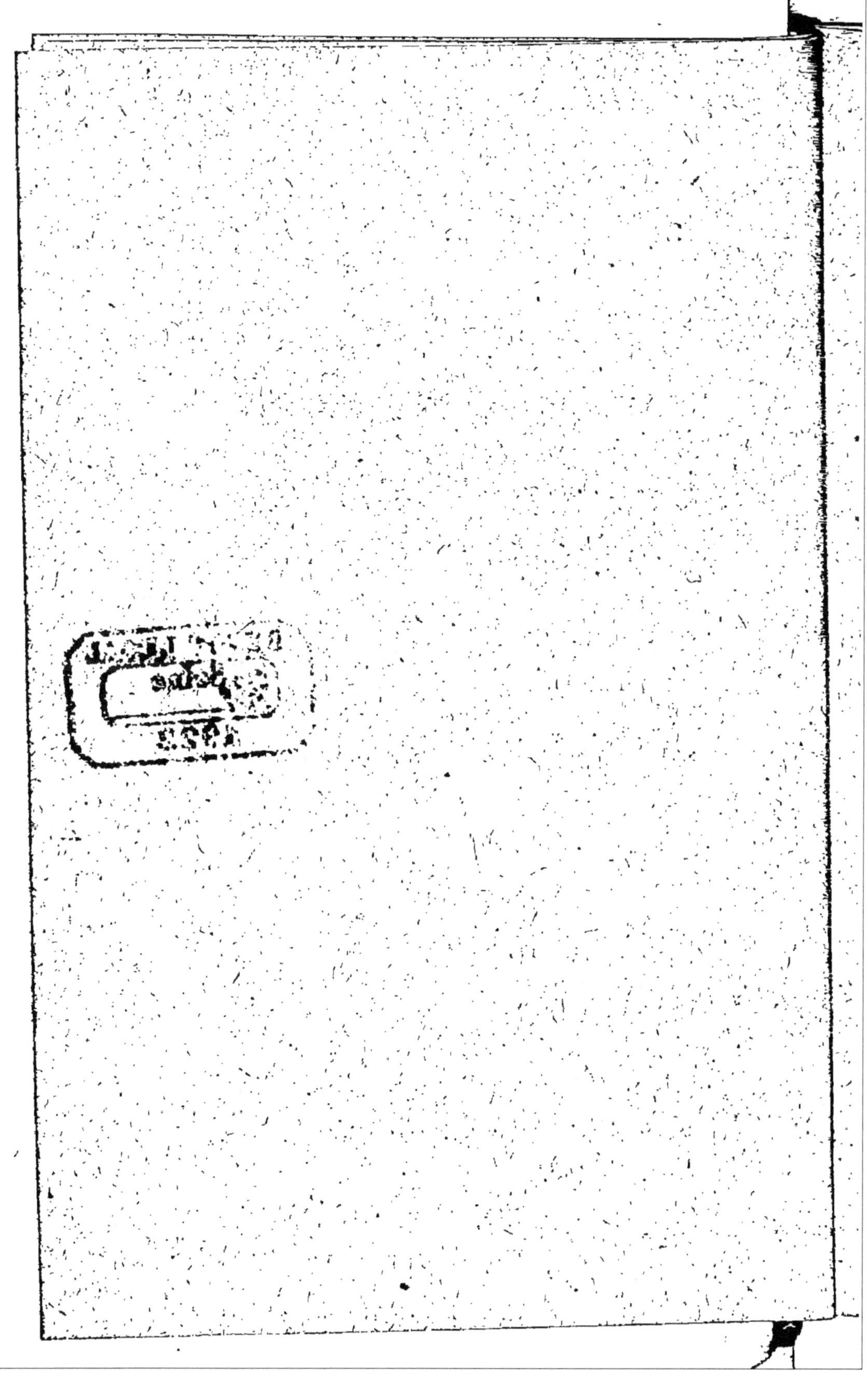

AVANT-PROPOS

Avec le secours de la lunette, on découvre dans le ciel un grand nombre de petites taches blanchâtres, diffuses, aux contours souvent mal définis, et qui sont en fait d'énormes étendues de matières situées à de prodigieuses distances de nous. Elles constituent les nébuleuses montrant à nos yeux des mondes en formation. A un stade plus avancé, la matière s'est condensée et elle forme ces myriades d'astres incandescents que sont les étoiles. Le soleil, source première de la chaleur, de la vie, de toute l'énergie qui se manifeste sur terre n'est qu'une de ces innombrables étoiles; les planètes, parmi lesquelles notre globe se range, et les comètes lui font cortège.

La détermination des mouvements de tous ces corps dont pas un n'est en repos par rapport aux autres, leurs dimensions, leurs distances respectives, leurs masses, leur constitution chimique, leur état physique, puis même leur histoire dans le passé et leur avenir, tout cela constitue le champ immense des investigations astronomiques.

La découverte géniale de Newton établissant la loi des attractions qui s'exercent entre les astres, ramena la recherche des mouvements célestes à un problème de pure mathématique. Les étoiles sont beaucoup trop lointaines pour que leur influence mécanique sur ce qui se passe à l'intérieur du système solaire soit sensible, et l'on peut dans l'étude de notre monde, le considérer comme isolé dans l'espace. Encore le problème mathématique qui consiste à trouver les orbites des planètes par rapport au soleil serait-il d'une difficulté insurmontable, si le soleil — par bonheur — n'avait une masse considérablement plus grande que celles des corpuscules qui gravitent autour de lui; ce qui fait que les influences mutuelles des planètes sont d'un ordre secondaire en face de l'attraction prépondérante qu'elles subissent de la part de l'astre central; et cette circonstance facilite la solution.

Dès que l'homme remarqua la succession du jour et de la nuit, le retour régulier des saisons, l'idée nouvelle de loi prenait naissance. Or, la science positive a pour objet la recherche des lois. Le savant observe, fait un choix des faits auxquels il s'attache, découvre des analogies dans des phénomènes d'apparences diverses, dégage des liens qui échappent au vulgaire et remontant alors des faits aux causes, établit une loi qui permet de « savoir » et aussi de « prévoir ». Et si l'on mesure l'importance d'une loi au nombre des phénomènes qu'elle explique et sa valeur à l'ordre et à l'harmonie par où elle discipline la complexité des faits, quel relief prend la loi de Newton !

Les recherches de mécanique céleste ayant la loi d'attraction newtonienne pour point de départ, furent l'œuvre de savants du XVIIIe et du XIXe siècles. Grâce aux travaux de Laplace, de Leverrier, de Newcomb, les routes dans le ciel des membres du système solaire ont été tracées avec une haute précision. Les résultats du calcul, confrontés avec l'observation, ont montré la généralité de la loi de Newton et son exactitude pratique.

Les discordances qui subsistent sont bien faibles.

Dans l'intervalle de deux siècles et demi, fait remarquer Tisserand, la lune — dont le mouvement est fort compliqué — se trouvera soit un peu en avant soit un peu en arrière du point que lui ont assigné les astronomes mathématiciens et l'écart ne dépassera jamais 15″, soit l'angle sous lequel nous verrions une règle de un mètre, placée à 14 kilomètres de nous. Pour les planètes, l'accord est beaucoup plus parfait.

Mais la loi de Newton régit plus que le système solaire : elle s'applique à l'univers entier et détermine les orbites relatives des étoiles doubles, ces astres jumelés que les observations modernes ont révélés. D'autre part, le soleil, les étoiles, se déplacent dans l'espace et pour un grand nombre d'entre elles, nous connaissons un fragment de leur route — très restreint, il est vrai — celui qui est décrit depuis un siècle à peine, d'où datent les perfectionnements des procédés de mesure. Sans doute, les conclusions ne sont-elles que provisoires. Les observations se multiplieront et plus grandira l'intervalle de temps sur lesquelles elles s'étendent, plus les déterminations gagneront en rigueur. Si la vitesse attribuée à chaque corps, en effet, si la route qu'on lui assigne est inexacte, mais pourtant trop voisine de la réalité pour que l'erreur se manifeste au bout d'un an, deux ans, dix ans, l'écart deviendra sensible dans un siècle ou deux, ou davantage et les astronomes d'alors feront les corrections nécessaires aux conclusions actuelles.

Les questions qui précèdent sont relatives à ce qu'on a appelé l'Astronomie de position qui ne met en œuvre que les notions mathématiques et mécaniques, avec l'apport indispensable des observations : les observations seules, en effet, permettent de substituer des nombres aux formules. Une autre branche de l'astronomie, l'Astronomie physique, science jeune encore, a pris un développement considérable en ces cinquante dernières années. La lumière que nous envoient les astres, convenablement analysée, a révélé leur constitution chimique et montré l'unité de la matière. Les nébuleuses, les étoiles les plus éloignées, ne renferment guère d'autres matériaux que ceux que nous rencontrons sur terre.

Merveilleux agent de renseignement, la lumière, par les modifications qu'elle subit quand la source se déplace par rapport à nous, a fait connaître encore la vitesse de rotation ou de translation de nombreux corps célestes. Et tout récemment on a trouvé dans des manifestations lumineuses le moyen de calculer le diamètre de certaines étoiles.

Le présent opuscule, où l'on s'est efforcé de faire comprendre les méthodes qui ont conduit aux connaissances astronomiques actuelles, ne poursuit d'autre ambition que d'éclairer les premières avenues de la science céleste et d'inspirer la curiosité de cet univers que nous dominons par la pensée et asservissons à nos calculs.

CHAPITRE PREMIER

LE SOLEIL

La surface brillante du soleil, vue à la lunette ou en projection, n'apparaît pas continue : elle est constituée par des *grains* juxtaposés se détachant d'un fond plus sombre. Ce sont sans doute des particules liquides ou solides, à température extrêmement élevée, portées à l'incandescence, en suspension dans un milieu gazeux, une enveloppe de nuages : elles constituent la *photosphère* qui nous éclaire.

PHOTO- SPHÈRE. La photosphère nous apparaît plus éclatante au centre de l'astre que sur les bords. C'est qu'elle est entourée d'une atmosphère absorbante et diffusante dont l'effet affaiblit les rayons lumineux, d'autant plus qu'ils en traversent une couche plus épaisse avant de parvenir jusqu'à nous. La surface granuleuse de la photosphère présente, de place en place, des parties plus sombres : les *taches*, et aussi des parties plus brillantes : les *facules*.

TACHES ET FACULES — La tache, arrondie, d'un diamètre parfois supérieur à celui de la Terre, est toujours entourée d'une facule, mais la plupart des facules n'ont pas de tache centrale. L'aspect sombre de la tache est dû à sa température moins élevée que celle du fond avec qui elle contraste. Les taches présentent une partie centrale très ombrée, entourée d'une pénombre : elles sont constituées par une dépression de la surface photosphérique. Les facules, au contraire, font saillie, comme on le constate sur les bords du limbe solaire.

ROTATION DU SOLEIL — Les taches et les facules se déplacent sur la surface solaire. Elles apparaissent au bord oriental du disque, gagnent la partie médiane et disparaissent par le bord occidental. C'est leur observation qui a révélé une *rotation* du Soleil sur lui-même, dans le sens même de la rotation diurne de la Terre et dans le sens où les planètes circulent autour du Soleil. L'axe de rotation est sensiblement perpendiculaire au plan de l'*écliptique* qui est le plan où se meut le centre de la Terre dans son déplacement annuel.

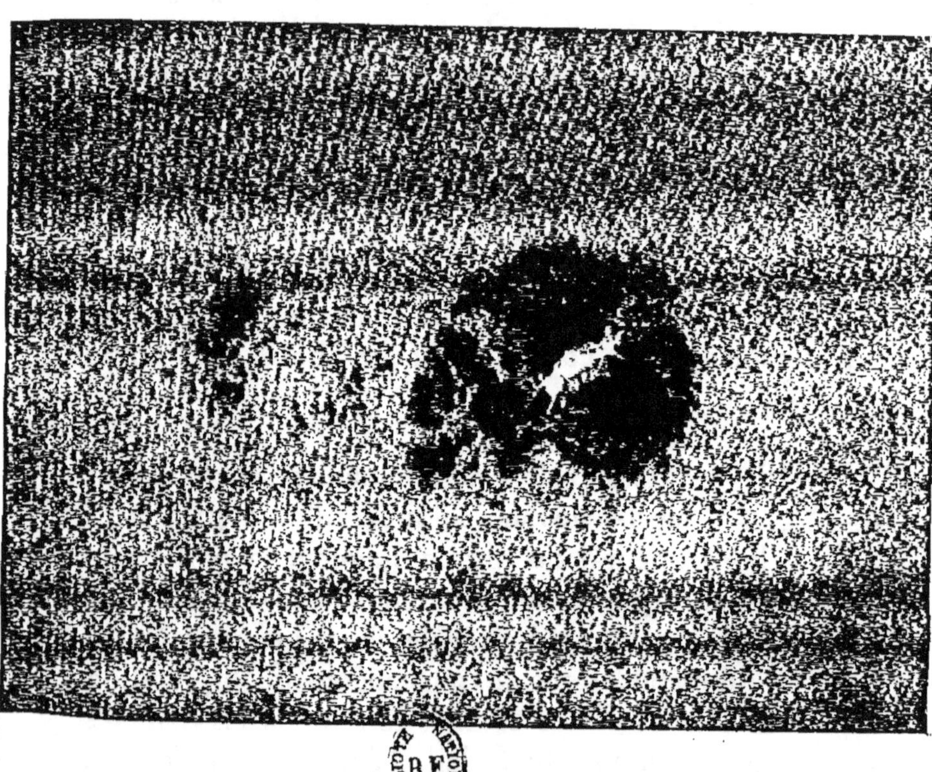

SURFACE SOLAIRE ET TACHES

INDLAGT

Mais le Soleil ne tourne pas d'un mouvement d'ensemble à la façon d'un corps solide. La durée de rotation augmente *en moyenne* de l'équateur aux pôles, variant de 25 à 35 jours. D'ailleurs toutes les couches du Soleil participent au mouvement de rotation, toutefois avec des vitesses différentes suivant l'altitude. Les couches extérieures se meuvent plus rapidement que les couches profondes, mais avec plus d'uniformité. C'est par l'usage du *spectroscope* dont il sera question plus loin (page 17) qu'on a pu mettre ces derniers faits en évidence. Les taches du Soleil se rencontrent surtout dans deux zones particulières (*zones royales*) s'étendant à des distances de 5° à 30° de part et d'autre de l'équateur. Les taches sont *temporaires*; chacune d'elles disparaît au bout de quelques révolutions, deux ou trois généralement.

PÉRIODICITÉ DES TACHES ET DES FACULES. RELATION AVEC LE MAGNÉTISME TERRESTRE

Le nombre des taches et des facules varie d'année en année. Leur apparition, dans l'ensemble, présente une remarquable périodicité de 11 ans 1/10 environ. A une certaine époque, on compte fort peu de taches; pendant 3 ou 4 ans leur nombre augmente, demeure constant durant un an, puis décroît pendant quelque 6 ans. Leur position subit des fluctuations parallèles. Elles apparaissent loin de l'équateur après un minimum et s'en rapprochent ensuite. Puis le cycle recommence. Compte-t-on les taches, mesure-t-on leur surface totale, les nombres varient encore dans le même sens. Or, le *magnétisme terrestre*, révélé par l'aiguille aimantée, présente des fluctuations dont la période est précisément voisine de 11 ans. Une étude attentive a montré une corrélation étroite entre l'activité solaire et le magnétisme à la surface de notre globe.

L'aiguille aimantée d'une boussole n'est pas exactement dirigée vers le nord géographique. A Paris, actuellement, elle s'en écarte en moyenne de 13° vers l'ouest. Mais son orientation varie du matin au soir, s'inclinant davantage vers l'ouest — de quelques minutes d'arc — au début du jour, reprenant ensuite son chemin vers l'est.

Ce phénomène régulier subit des renforcements et des affaiblissements périodiques et même des variations brusques. Ces modifications de régime ont la même période que la fluctuation des taches solaires. On a pu démontrer que l'activité du Soleil s'accompagne de phénomènes électriques; on reconnaît que ce sont eux qui provoquent les perturbations périodiques de l'aiguille aimantée, bien qu'on ne soit pas d'accord sur le mécanisme de la transmission et de la liaison. Le parallélisme des phénomènes solaires et du magnétisme terrestre

est indiqué d'une manière frappante sur les courbes
dè la planche (page 22).

**SPECTROS-
COPE**   La structure plus intime du Soleil fut
révélée par le *spectroscope*, qui analyse
la lumière. La partie essentielle d'un spectroscope
(fig. 1) est un prisme de verre. Lorsqu'un rayon
lumineux émanant d'un corps solide ou liquide

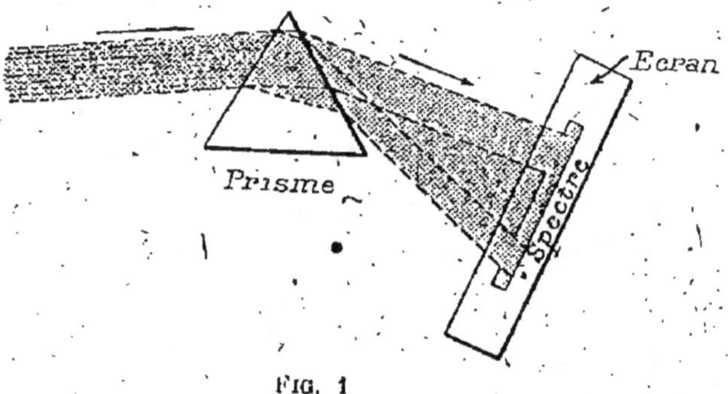

FIG. 1

porté à l'incandescence traverse un prisme, il donne
naissance à une bande lumineuse étalée et continue, un *spectre*, dont la coloration varie de place
en place et reproduit l'aspect de l'arc-en-ciel.

La lumière provient-elle d'un gaz, d'une vapeur
métallique à température élevée, le spectre se
réduit à quelques lignes brillantes *caractéristiques*
du corps qui les émet. Ces lignes spectrales varient

par leur couleur et par leur position, suivant la nature chimique de la source.

RENVERSEMENT DES RAIES D'autre part — et c'est là l'explication du phénomène fondamental appelé RENVERSEMENT DES RAIES —, *tout corps absorbe les radiations qu'il est capable d'émettre.* Ainsi la vapeur de sodium donne deux raies jaunes; mais si l'on interpose la flamme *peu éclairante* du sodium entre le prisme et une source *brillante* donnant un spectre continu, on observera dans le spectre *deux raies assombries,* à la place même où le sodium eût formé ses raies propres. C'est que la faible intensité des raies du sodium s'est substituée aux radiations absorbées correspondantes du spectre brillant qui forme le fond.

ANALYSE SPECTRALE Si l'on observe le spectre fourni par la photosphère solaire, on constate qu'il est sillonné de raies noires. Cela indique la présence d'enveloppes gazeuses absorbantes dont on a pu préciser la nature chimique. On reconnaît ainsi dans le Soleil la présence d'une trentaine d'éléments qui se trouvent à la surface de la Terre : du *calcium,* du *fer,* de *l'hydrogène,* du *sodium,* du *nickel,* du *magnésium,* etc. Un élément, *l'hélium,* fut ainsi découvert une trentaine d'années avant qu'on le reconnût sur Terre.

CHROMO-SPHÈRE La photosphère est donc entourée d'une atmosphère gazeuse de faible éclat qui demeure invisible en général. Mais lors des éclipses (voir p. 89), lorsque la Lune masque la lumière vive de la photosphère, l'enveloppe devient apparente. Elle est constituée d'abord par un anneau mince, de couleur rose, la *chromosphère*, composée surtout d'hydrogène. Des flammes de même teinte s'en échappent, les *protubérances*. Les protubérances, de forme variable, subissent dans leur ensemble des changements périodiques, corrélatifs de la périodicité des taches.

COURONNE Au-dessus se trouve la *couronne*, aussi large parfois que le Soleil lui-même. Elle est plus blanche et des *jets* gazeux s'en détachent. La couronne est surtout constituée par des particules, alors que la chromosphère est gazeuse; elle a fait voir en outre au spectroscope quelques raies dont l'identification n'a pu être faite; elles sont dues à un corps inconnu à la surface de la Terre.

Le spectroscope permet, actuellement, d'étudier journellement, en dehors de toute éclipse totale qui est un phénomène très rare et fugitif, les aspects de la partie gazeuse de la chromosphère. Le spectroscope recueille à la fois la lumière de la chromosphère et la lumière diffuse du bord solaire; mais cette dernière donne un spectre continu qui, s'étalant, se trouve affaibli, et la raie la plus intense de la chromosphère et des protubérances gazeuses apparaît par contraste. La longueur de la raie donne une section de la chromosphère; il suffit donc de promener le spectroscope à travers la région visée pour connaître sa forme à l'aide de sections successives. Plutôt qu'à des observations visuelles, on a recours, en général, à des photographies du spectre.

TEMPÉRA-TURE DU SOLEIL Différentes lois physiques relient la température d'un corps qui rayonne à la quantité de chaleur qu'il déverse sur un autre corps; elles fixent également un lien entre les particularités de son spectre et sa température. Ces lois, démontrées théoriquement, ont été appliquées et vérifiées dans les laboratoires pour des températures allant jusqu'à 1600° centigrades. Appliquées au Soleil, elles ont fourni des résultats qui ne présentent pas un accord parfait, mais elles ont permis d'établir que la surface solaire rayonnant vers nous a une température qui n'est pas inférieure à 6000° ni supérieure à 12000°. La température la plus chaude réalisée sur Terre, celle de l'arc électrique, est approximativement de 4000°.

DÉPLACEMENT DES RAIES. PHÉNOMÈNE DE DOPPLERFIZEAU

La considération des spectres a fourni d'autres ressources encore. Elle a permis de déceler la rotation du Soleil dans les régions où l'absence des taches ne permettait pas une constatation directe. La lumière est le résultat d'un état vibratoire. La place qu'occupe dans le spectre une radiation particulière dépend de la fréquence du mouvement vibratoire qui traverse le prisme du spectroscope. Si, par suite de leurs déplacements relatifs, la distance de la source lumineuse et du spectroscope varie, le nombre des vibrations perçues pendant chaque seconde n'est plus le même que si la distance demeurait constante. Les raies brillantes du spectre, s'il s'agit d'un gaz, n'occuperont pas, dans l'un et l'autre cas, la même place. Pour que ce déplacement des raies soit d'ailleurs pratiquement mesurable il faut que la vitesse relative de la source lumineuse et de l'observateur soit au moins de quelques kilomètres à la seconde; et la théorie indique la relation qui existe entre l'étendue du déplacement des raies et la vitesse de la source : la mesure de l'une donne la grandeur de l'autre. Le déplacement s'évalue en comparant le spectre de la source en mouvement à un spectre auxiliaire juxtaposé que produit l'observateur en s'adressant à un corps de même nature chimique que la source étudiée.

Cette méthode, dont le principe fut découvert par Döppler et Fizeau, a été appliquée au Soleil ; elle a montré que la vitesse de rotation, à l'équateur, était de 2 kilomètres par seconde. La méthode est susceptible, comme il sera dit plus loin, d'intéressantes extensions relatives aux étoiles.

ÉNERGIE SOLAIRE — La quantité de chaleur solaire recueillie par la Terre et évaluée à la limite de l'atmosphère est environ de *2 calories* (1) par *centimètre carré* et par *minute*. L'atmosphère en absorbe la moitié environ. Notre globe et tout le système des planètes n'intercepte guère que la *deux cent millionième* partie de l'énergie dépensée par le Soleil. Ce nombre de 2 calories indique, en d'autres termes, que le Soleil nous envoie en un jour à peu près autant de chaleur qu'en produirait la combustion d'un nombre de kilogrammes d'anthracite représenté par l'unité suivie de 24 zéros (10^{24} kilogr.). La quantité de chaleur que le Soleil rayonne devrait entraîner un abaissement de sa température. Or, depuis quelques milliers d'années que dure notre période historique, il ne semble pas que le Soleil se soit refroidi sensiblement. La permanence de la distribution de la végétation à la surface du globe en

(1) La *calorie* est la quantité de chaleur qu'il faut fournir à 1 gramme d'eau pour élever sa température de 1 degré centigrade.

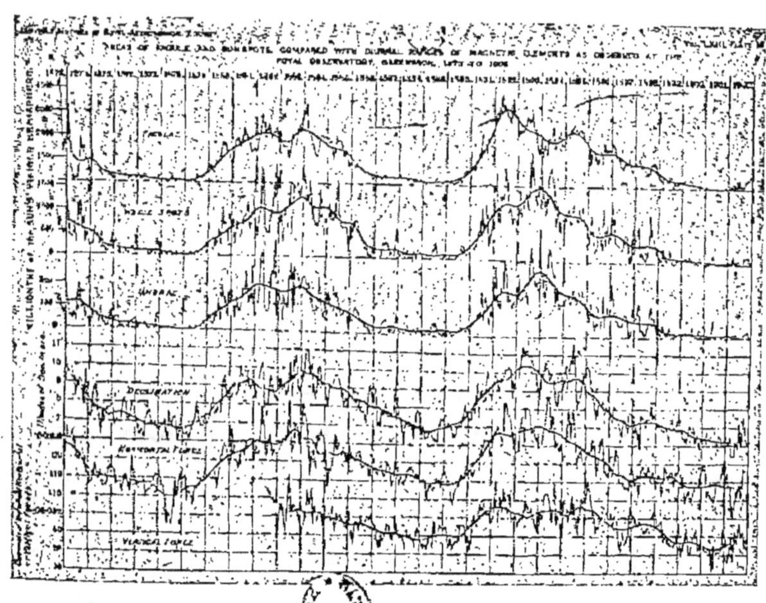

Variation des taches solaires et du magnétisme,
par W. J. S. Lockyer.

(Extrait des *Monthly Notice of Royal Astronomical Society*.)

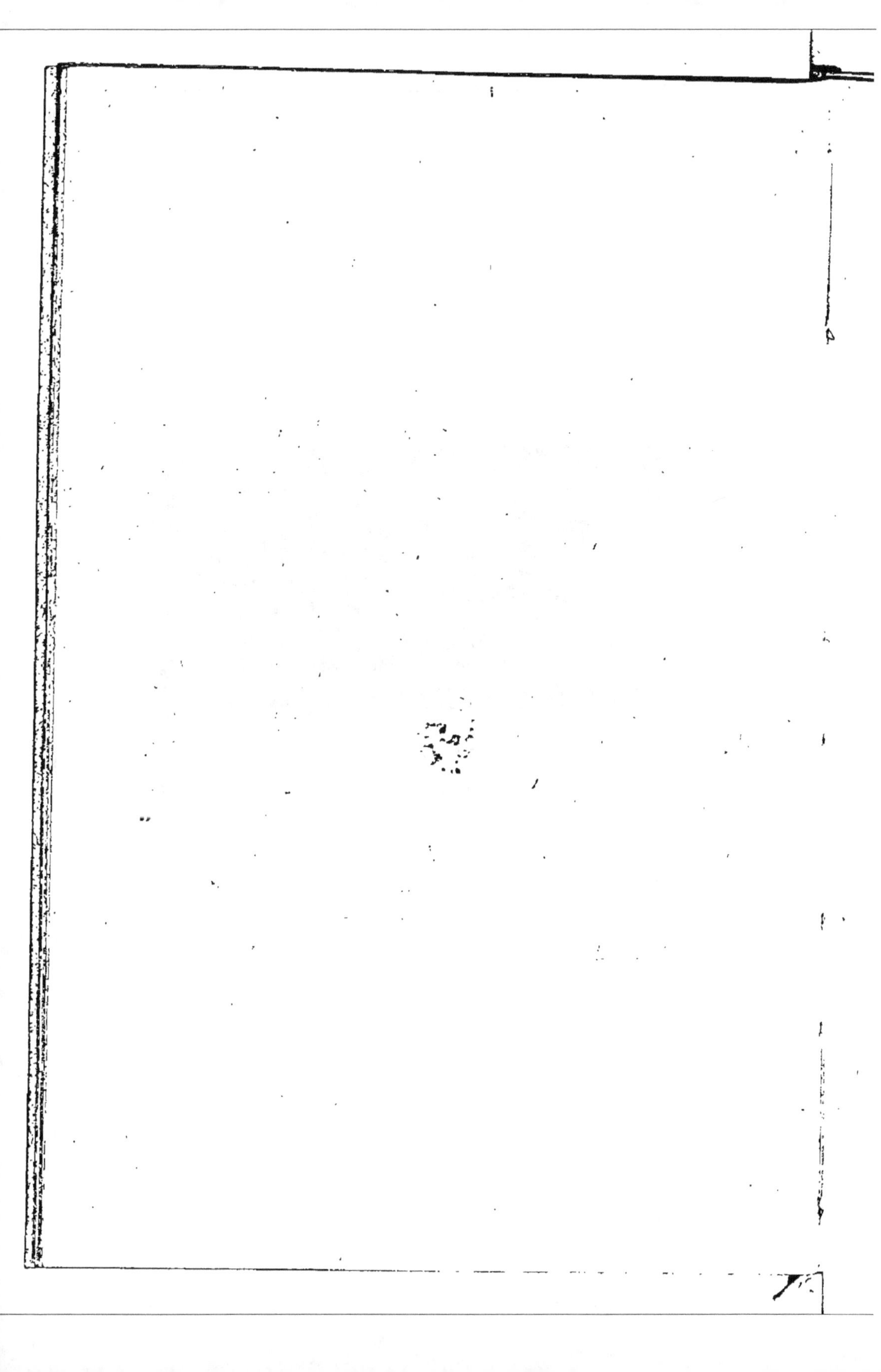

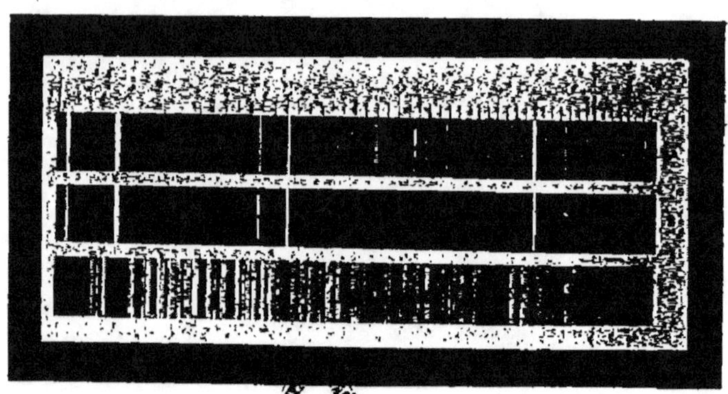

C. Une région du spectre solaire avec les raies d'absorption
(à gauche, raies du calcium et de l'hydrogène).
A. B. Même région du spectre prise sur le bord du Soleil, pendant une
éclipse et montrant les raies brillantes de l'atmosphère solaire.

est une preuve. C'est donc que l'astre radieux récupère l'énergie calorifique qu'il dispense.

Différentes hypothèses ont été formulées sur l'origine et les causes de l'entretien de cette énergie. La plus généralement admise est celle de Helmoltz (1854). Une lente contraction sous l'influence de la gravitation compenserait, par le dégagement de chaleur ainsi provoqué, les pertes que subit l'astre par rayonnement. Une contraction de 35 à 40 mètres par an, a-t-on calculé, suffirait pour entretenir l'énergie solaire. Il s'ensuivrait que son diamètre, vu de la Terre, mettrait 18 siècles à peu près à varier de 1". Il est possible que quelque chose d'analogue à une transmutation du radium en hélium, qui se fait en libérant de l'énergie, soit également une source de l'entretien du rayonnement solaire. En fait, le spectroscope ne révèle pas la présence du radium dans l'atmosphère solaire, mais le radium est un corps très lourd qui peut ne se trouver que dans les couches profondes de l'astre.

Les caractères généraux du Soleil se retrouvent, comme nous le verrons, dans les étoiles. Le Soleil, a-t-on pu conclure, n'est qu'une étoile, de taille moyenne, mais elle est infiniment plus proche de nous que les autres. Elle se trouve à une distance de la Terre égale à 150 millions de kilomètres. La lumière venant du Soleil met 8 minutes 17 secondes à nous parvenir, celle de l'étoile la plus voisine 4 ans environ.

Soleil

Distance moyenne : 149.560.000 kilomètres.
Diamètre moyen : 1.400.000 kilomètres.
Masse : 332.800 fois celle de la Terre.
Densité moyenne : 1,4 fois celle de l'eau.

CHAPITRE II

Les Etoiles

L'éclat inégal des étoiles, par une belle nuit, est d'une observation banale. De même les étoiles, après le coucher du Soleil, n'apparaissent que progressivement et les premières apparues sont ensuite les plus bril-/ lantes.

Une classification des étoiles d'après leur éclat était naturelle. C'est ainsi que procédèrent les anciens (Hipparque, Ptolémée) qui répartirent les étoiles qu'ils observaient en six classes. Après l'invention des lunettes, leur perfectionnement permettant de voir des astres de plus en plus faibles, on prolongea la série.

Un numéro d'ordre, d'autant plus élevé que l'étoile apparaît moins brillante, fixe ce qu'on nomme sa *grandeur* ou *magnitude*. La notion de *grandeur* correspond à l'excitation que la lumière produit sur la rétine, excitation proportionnelle à la quantité de lumière reçue. Et la détermination numérique des grandeurs repose sur une loi physiologique (loi de Fechner) que traduit le fait suivant : *Quand on passe d'une classe de grandeur à la suivante* (2e *à* 3e *ou* 6e *à* 7e, *etc.*) *le rapport des éclats lumineux est un nombre constant égal approximativement à 4/10.*

Ainsi l'éclat d'une étoile de 3e grandeur vaut les $\dfrac{4}{10}$ de l'éclat d'une étoile de 2e grandeur, et les $\dfrac{4}{10} \times \dfrac{4}{10}$ ou $\dfrac{16}{100}$ d'une étoile de première grandeur.

Il ne reste qu'à fixer l'étoile-type ; le choix s'est porté sur *Véga* de la constellation de la *Lyre*, à laquelle on assigne la grandeur zéro, celle dont l'éclat *par définition* est égal à l'unité.

Les étoiles plus brillantes que Véga auront alors des grandeurs représentées par des nombres négatifs. Ainsi l'étoile la plus éclatante du ciel, Sirius, est de grandeur — 1,4.

NOMBRE DES ÉTOILES VISIBLES A L'ŒIL NU — A l'œil nu, dans le ciel entier, boréal et austral, on découvre 5.500 étoiles *environ* se répartissant ainsi :

1re grandeur et plus brillantes, 20 étoiles
2e grandeur 70 étoiles.

3° grandeur   190 étoiles.
4° —   420   —
5° —   1.150   —
6° —   3.600   —

Mais, en lieu donné, l'œil n'en peut apercevoir plus de 2.000. Le ciel boréal comprend 9 étoiles de la 1re grandeur au plus, le ciel austral 11, qui sont :

	Ciel boréal	Ciel austral
1		Sirius (α du Grand Chien).
2		Canopus (α d'Argo).
3		α^2 du Centaure.
4	Arcturus (α du Bouvier).	
5		Rigel (β d'Orion).
6	La Chèvre (α du Cocher).	
7	Véga (α de la Lyre).	
8	Procyon (α du Petit Chien).	
9	Bételgeuse (α d'Orion).	
10		Achernar (α d'Eridan).
11	Aldébaran (α du Taureau).	
12		β du Centaure.
13		α de la Croix du Sud.
14		Antarès (α du Scorpion).
15	Altaïr (α de l'Aigle).	
16		L'Epi (α de la Vierge).
17		Fomalhaut (α du Poisson austral).
18		β de la Croix du Sud.
19	Régulus (α du Lion).	
20	Pollux (β des Gémeaux.)	

ÉTOILES TÉ-LESCOPI-QUES

Les lunettes permettent de découvrir des étoiles d'un éclat d'autant plus faible que le diamètre de l'objectif (ou du miroir, dans un télescope) est plus grand. La loi de correspondance entre les dimensions de l'objectif et la grandeur limite des étoiles qu'on peut obser-

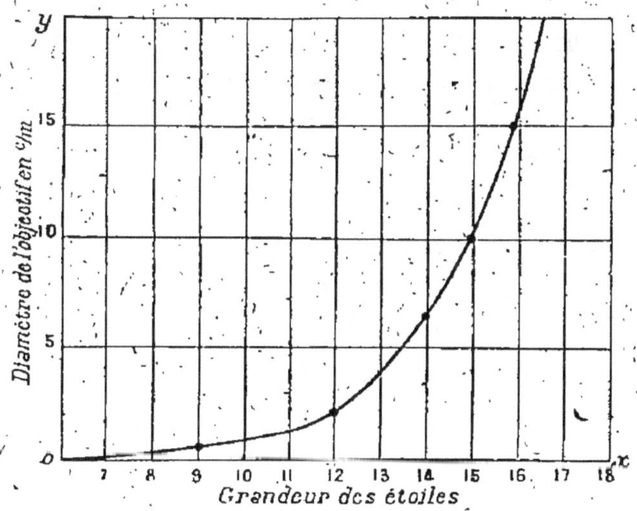

FIG. 2

ver avec l'instrument est représentée par la courbe précédente (fig. 2).

Il faut ajouter que la *magnitude réelle* d'une étoile nous échappe, qu'elle dépend de son diamètre, de l'éclat intrinsèque de la matière qui la constitue, et de sa distance; nous ne comparons que des grandeurs *apparentes*.

INÉGALE RÉ-PARTITION DES ÉTOILES DANS LE CIEL. VOIE LACTÉE

Au lieu de ranger les étoiles d'après leur grandeur, on peut étudier la distribution des étoiles dans le ciel, région par région, et ce mode de classement a fourni des résultats intéressants.

L'observateur remarque, par une belle nuit, une traînée lumineuse, blanchâtre, irrégulière, qui fait le tour du ciel et qui, contemplée à travers une lunette, se résout en un grand nombre d'étoiles de faible éclat, très voisines les unes des autres : c'est la *voie lactée*.

Le dénombrement des étoiles visibles à travers les plus puissants instruments a montré qu'elles constituent un système dont la voie lactée occupe la partie centrale. Celle-ci formerait alors comme un plan de symétrie dans la distribution des étoiles et c'est là que la condensation stellaire se trouve la plus forte. Le Soleil, simple unité de ce vaste système, n'est pas très éloigné de son centre.

Les étoiles sont fort distantes les unes des autres et on a pu les comparer à un ensemble de têtes d'épingles que sépareraient en moyenne une centaine de kilomètres.

ÉTOILES VARIABLES

La grandeur de certaines étoiles varie parfois brusquement. Des astres nouveaux, des *Nova* ou *Étoiles temporaires*, jusqu'alors invisibles, apparaissent tout à coup dans le ciel, brillent quelque temps, puis leur éclat faiblit et elles disparaissent. Presque toutes les *Nova* apparaissent dans la Voie lactée ou son voisinage, là où la densité de matière céleste est le plus forte; on a pensé qu'elles provenaient de la collision de deux étoiles très faibles donnant lieu à une explosion lumineuse. Les dernières en date des étoiles temporaires apparues sont la Nova de Persée (1901), la Nova de l'Aigle (1918), la Nova du Cygne (1920).

D'autres étoiles, par contre, ont un éclat variant périodiquement entre un maximum et un minimum. Peut-être encore les premières, les *Nova*, sont-elles des variables à période extrêmement longue dont on ne surprend que le maximum, et ces étoiles nouvelles sont alors très anciennes.

Les *variables* proprement dites ont des périodes qui s'étendent depuis une fraction de journée jusqu'à deux années.

ÉTOILES DOUBLES PHOTOMÉTRIQUES. ALGOL

De nombreuses étoiles, dont *Algol* (β de la constellation de Persée) est le type, conservent un éclat constant et maximum pendant la majeure partie de la période. Algol passe de la grandeur 2,3 à la grandeur 3,5 et revient à son éclat primitif au bout de 2 jours, 20 heures 49 minutes; mais

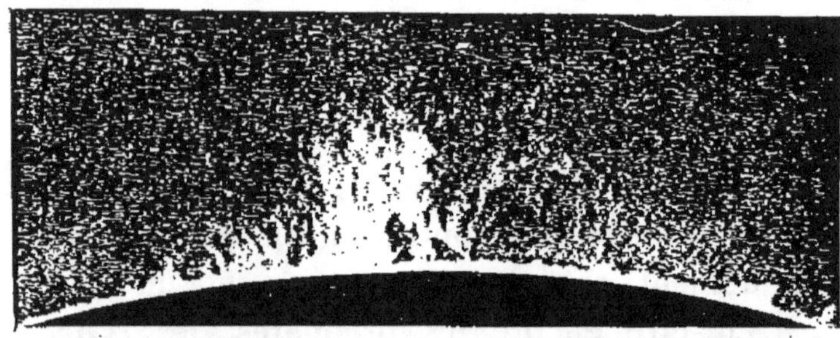
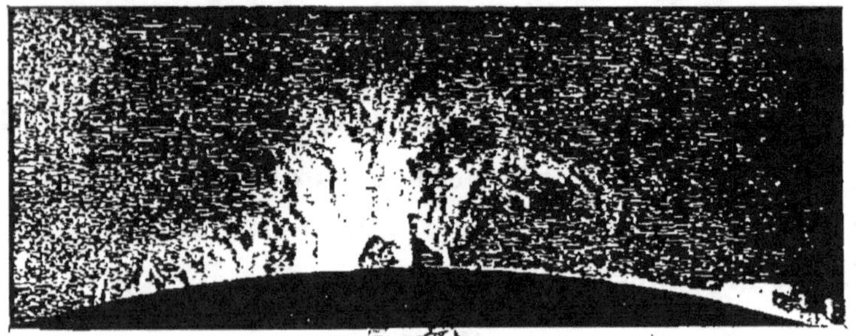

PROTUBÉRANCES SOLAIRES

COURONNE SOLAIRE.

l'affaiblissement est de courte durée, 9 heures seulement environ.

On a pu montrer que les raies du spectre d'Algol se déplaçaient, tantôt vers le rouge, tantôt vers le violet, ces balancements ayant même période que celle de l'éclat. Il en résulte, par application du principe de Döppler - Fizeau (page 21), que l'étoile est animée d'un mouvement orbital. Il semble alors fort probable que le

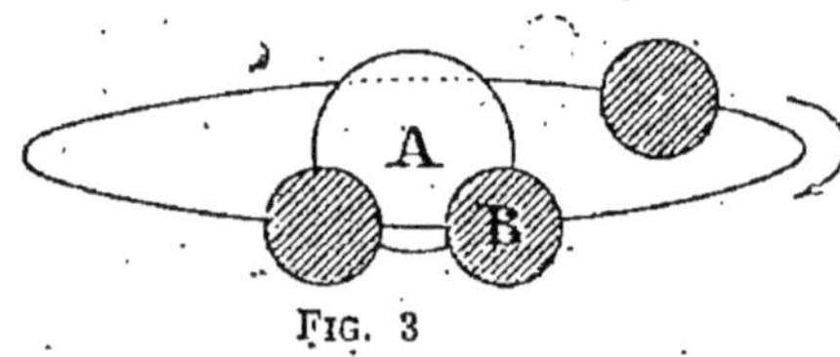

FIG. 3

système d'Algol est composé de deux corps sphériques, l'un brillant, l'autre obscur, de dimensions analogues à notre Soleil, tournant l'un autour de l'autre dans des orbites resserrées. Le compagnon obscur est animé d'un mouvement relatif autour de l'étoile brillante dans un plan peu incliné sur notre ligne de visée; il en résulte, pour l'astre lumineux, des éclipses partielles qui périodiquement atténuent son éclat (fig. 3).

Les aspects des variables d'un autre type, dont l'éclat varie d'une manière continue, s'expliquent par l'existence d'un système double également, mais à deux composantes brillantes. Elles tournent l'une autour de l'autre dans des orbites plus ou moins allongées et produisent des maximum et des minimum d'éclat suivant que, par rapport à nous, elles sont juxtaposées ou en perspective (fig. 4).

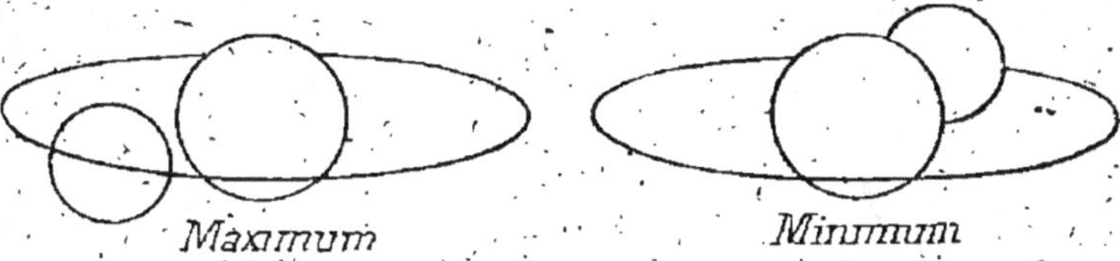

FIG. 4

Les groupes d'étoiles dont il vient d'être question sont dits *étoiles doubles photométriques*. Les *étoiles doubles spectroscopiques* sont des systèmes que les lunettes les plus puissantes n'ont pu résoudre et dont la structure a été révélée par le phénomène du déplacement des raies. On en compte actuellement 150 environ.

MIRA CETI   Enfin certains types de variables comme *Mira Ceti* (la Merveilleuse de la Baleine), qui a une période approximative de 350 jours, ne sont pas constitués par un système double. On est conduit à attribuer leurs variations de grandeur à la présence de taches, analogues à celles qu'on constate sur la surface solaire, mais plus étendues.

SPECTRE DES ÉTOILES Une répartition des étoiles suivant leur spectre permet de les ranger *sommairement* en quatre classes principales.

I. — *Étoiles blanches ou bleues* : Peu de raies métalliques, mais les raies d'absorption de l'hydrogène sont très caractérisées. Elles forment une classe très nombreuse où l'on compte *Véga, Sirius, Altaïr, Procyon.*

II. — *Étoiles jaunes* : Le Soleil est de ce type; les étoiles jaunes, en effet, présentent de nombreuses raies métalliques comme le spectre solaire. On y range *Arcturus, Aldébaran, La Chèvre, La Polaire.*

III. — *Étoiles rouges ou orangées* : Outre les raies métalliques le spectre manifeste de larges bandes obscures, dues sans doute au manganèse et au titane, et se rapproche du spectre des taches du Soleil. *Bételgeuse, Antarès,* font partie de cette catégorie.

IV. — *Étoiles faibles, rouge rubis.* : Leurs spectres présentent de larges bandes attribuées au cyanogène.

Les étoiles des deux dernières classes sont moins nombreuses que celles des deux premières.

Les étoiles temporaires ont révélé des raies brillantes d'hydrogène, de magnésium, d'hélium, comme celles qu'on trouve dans la chromosphère et les protubérances solaires.

TEMPÉRA-TURE DES ÉTOILES — La température des étoiles est liée à leur spectre et elles se trouvent à une température d'autant plus élevée que le spectre est plus riche en rayons violets. Les étoiles blanches sont ainsi les plus chaudes, puis les jaunes et enfin les rouges.

Si l'on admet que la matière constitutive initiale est la même, la couleur diverse des étoiles indique qu'elles sont arrivées à des stades différents de leur évolution. Lockyer a émis l'hypothèse qu'au cours de leur vie, elles repassent deux fois par les mêmes apparences spectrales. Une matière nébuleuse froide s'est contractée et, s'échauffant, donne naissance à une étoile qui devient de plus en plus brillante; puis le maximum d'éclat atteint, l'astre se refroidit et traverse à nouveau ses états thermiques antérieurs. Cette transformation s'étend vraisemblablement sur des millions d'années. Pourtant la température élevée de la nébuleuse d'Orion (15000°) déterminée récemment par Fabry à Marseille, contredit l'hypothèse. La température des étoiles blanches dépasse 10000°; celle des étoiles rouges n'atteint pas 3000° centigrades.

L'étude de ces dernières a montré que, si on les imaginait toutes à la même distance de nous, elles se répartiraient en deux groupes; l'un formé d'étoiles très brillantes, de grandes dimensions dans la première phase de leur évolution, qui sont des *étoiles géantes;* l'autre formé d'étoiles de faible éclat, sensiblement plus petites que les premières, au stade descendant de leur vie, et qui sont des *étoiles naines.*

ÉTOILES DOUBLES ÉTOILES MULTIPLES — L'observation à la lunette révèle dans le ciel de très nombreux accouplements d'étoiles. Quelques-uns (les groupes optiques) ne doivent leur rapprochement qu'à un simple effet de perspective et ils ne présentent guère d'intérêt; mais les autres constituent de véritables *systèmes binaires.* Les étoiles sont liées physiquement et donnent l'image de deux soleils s'attirant mutuellement et décrivant, l'un par rapport à l'autre, des orbites dont on a pu déterminer les éléments dans un grand nombre de cas. Les deux tiers des étoiles, d'ailleurs, forment des systèmes binaires; un soleil isolé comme le nôtre constitue un type relativement rare.

On rencontre encore des systèmes plus complexes constitués par trois, quatre étoiles, ou même davantage.

AMAS D'ÉTOILES NÉBULEUSES — Certains groupes, comme le célèbre groupe des *Pléiades,* réunissent une collection nombreuse d'étoiles. Cinq composantes des Pléiades sont visibles à l'œil nu; on en compte près de 600 comprises entre la 3ᵉ et la 14ᵉ grandeurs.

Ces collections d'objets à composantes multiples et très serrées sont dites *amas d'étoiles*.

D'autres taches lumineuses, les *nébuleuses*, quelle que soit la puissance de la lunette braquée sur elles, ne peuvent être résolues en étoiles.

D'ailleurs celles-ci et ceux-là présentent des caractères spectraux bien distincts. La lumière du spectre des *nébuleuses* non résolubles est concentrée en un petit nombre de radiations. En particulier, trois raies qui se retrouvent dans chaque nébuleuse correspondent à des substances encore inconnues sur la Terre. Les *amas stellaires*, au contraire, donnent naissance à un faible spectre continu. Les aspects offerts par les nébuleuses sont très variés : tache ronde ou elliptique des *nébuleuses planétaires*, forme *annulaire* et, pour la majorité d'entre elles, forme *spirale* laissant échapper à la périphérie des jets de matière qui mettent en évidence le mouvement tourbillonnaire de la nébuleuse.

FORME DE NOTRE UNIVERS STELLAIRE. — La voix lactée constitue sensiblement un plan de symétrie autour duquel se répartissent tous les astres de l'Univers dont notre Soleil n'est qu'un atome. Mais la répartition n'y est pas uniforme. Il y a condensation vers le plan galactique et, de plus, l'ensemble de notre Univers stellaire affecte la forme d'une lentille aux proportions gigantesques. La lumière, cheminant à raison de 300.000 kilomètres par seconde, mettrait 50.000 ans pour parcourir sa plus grande dimension et 15.000 pour traverser la plus petite.

La plupart des *amas*, des *nébuleuses planétaires*, se rencontrent dans le voisinage de la voie lactée, tandis que les *nébuleuses spirales* se trouvent en plus grand nombre vers les pôles galactiques.

On a reconnu, pour un groupe d'étoiles à courte période, les *Céphéides*, un lien entre leur couleur et leur magnitude absolue; par l'intermédiaire de la magnitude apparente, que nous observons, il est facile alors de conclure la distance qui nous sépare de l'étoile. C'est ainsi qu'on est parvenu à fixer l'éloignement de certains amas particuliers contenant des *Céphéides* et qui, dans les directions éloignées de la voie lactée, atteint jusqu'à 300.000 années de lumière.

DIAMÈTRE DES ÉTOILES. PROCÉDÉ MICHELSON. L'image d'une étoile vue dans une lunette est un disque dont la largeur dépend de la grandeur de l'objectif, de la couleur de la source et non point de son diamètre. La mesure *directe* des diamètres stellaires est donc impossible.

Mais si la lumière d'une source est reçue dans une lunette dont l'objectif a été recouvert d'un écran percé d'une fente fine, l'image qui se forme présente l'aspect de franges resserrées, alternativement brillantes et obscures.

L'écran est-il percé de deux fentes parallèles, les bandes prennent une apparence qui dépend d'une part de la largeur des fentes, de la distance focale de l'objectif et aussi du diamètre de la source et de la couleur de l'image. Tous ces éléments sont reliés par une formule connue. On peut, en particulier, modifier la distance des fentes jusqu'à ce que les franges disparaissent complètement, ce qui est un phénomène facilement observable. On dispose donc là, pour la mesure du diamètre des étoiles, d'un procédé très délicat indiqué par le physicien américain A. A. Michelson; les premières expériences concluantes ont eu lieu à la fin de l'année 1920. Le diamètre apparent de α Orion (Bételgeuse) fut trouvé égal à 0″,045. De l'éloignement connu, de l'étoile, on a conclu son diamètre réel, égal à 540 millions de kilomètres, soit 300 fois la largeur de notre Soleil. Sa densité doit alors être de l'ordre du *millionième* de celle du Soleil. C'est une étoile *géante*.

CHAPITRE III

La Terre

Deux ordres différents d'étude se rapportent à la Terre. Il convient d'une part d'apprendre à connaître sa forme, sa structure, et de l'autre à préciser la place de notre globe dans l'Univers et à rechercher la loi de ses mouvements.

FORME DE LA TERRE — La Terre a une forme très sensiblement sphérique. L'apparence circulaire de la ligne d'horizon en pleine mer, les aspects successifs du bateau qui s'éloigne et dont la coque disparaît à la vue avant la mâture sont des preuves bien connues.

La rotondité de la Terre se manifeste encore par l'aspect du ciel étoilé qui est différent, *au même instant*, en deux lieux distincts, comme le fait comprendre la figure 5.

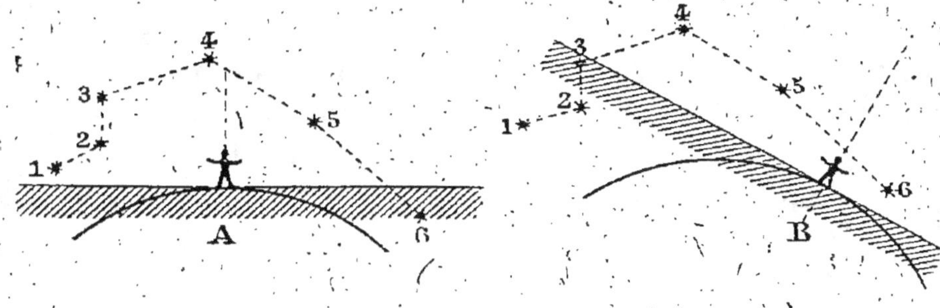

FIG. 5

Le plan de l'horizon (perpendiculaire à la direction du fil à plomb ou *verticale* du lieu) qui limite le champ de vision, n'a pas même direction aux points A et B de la Terre et, au même instant, telles étoiles 1, 2, 3 visibles en A, ne le sont pas en B, alors que c'est l'inverse pour l'étoile 6. Si la Terre est sphérique, l'angle que font entre elles les verticales OZ et OZ' sera proportionnel au chemin AB parcouru sur la surface; or, c'est ce qu'on constate *très approximativement* (fig. 6).

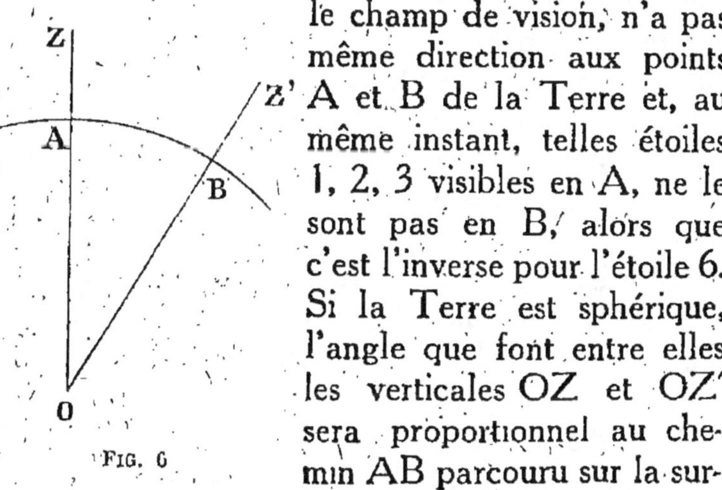

FIG. 6

Mais il y a lieu de se rendre un compte plus exact de la figure de la Terre.

FIGURE RÉELLE DE LA TERRE En un point A de la Terre, imaginons la parallèle A*p* à la ligne des pôles; elle détermine avec la verticale AZ un plan dont la trace sur le sol est AB (fig. 7). Dans la direction AB, en B par exemple, plantons un jalon. Puis déterminons, au moyen de la verticale du point B et d'une nouvelle parallèle à la ligne des pôles, un élément BC et ainsi de suite, de proche en proche. La ligne ABC...

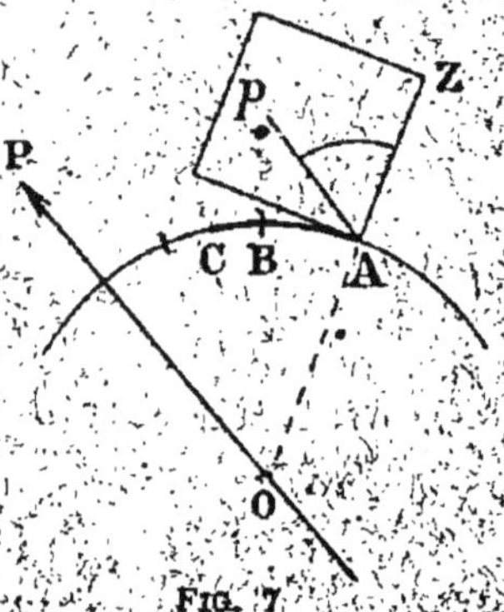

Fig. 7

— est un *méridien terrestre*. Si la terre était rigoureusement sphérique, chaque méridien serait un cercle passant par les pôles. Inversement, l'étude de la forme des méridiens enseignera la figure exacte de la Terre. Supposons donc tracé un arc de méridien AA'. Des observations astronomiques permettent de situer les directions où, dans le champ des étoiles, les verticales AZ et A'Z' rencontrent la voûte céleste et d'en déduire par suite l'angle O des verticales (fig. 8). Une mensuration à la surface de la Terre donne

d'autre part la longueur de l'arc AA'. De sem-
blables déterminations, en très grand nombre, ont
été effectuées depuis le XVIIIe siècle. On a constaté
que tous les méridiens étaient des *lignes planes
qui convergeaient aux deux pôles*, mais que leur

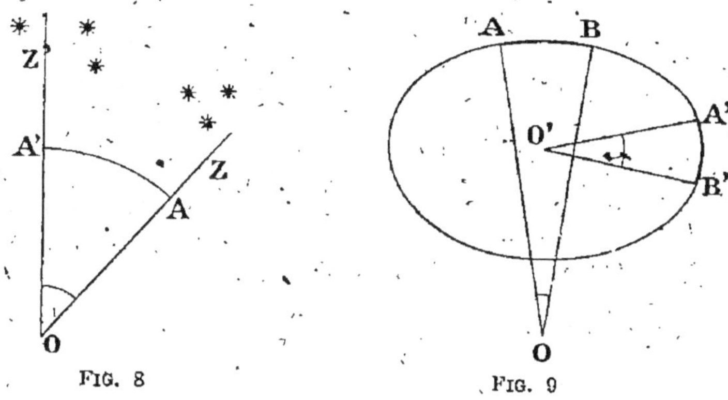

forme n'était pas rigoureusement circulaire. L'arc
AB correspondant à un angle en O de 1° par
exemple, est un peu plus long dans la région
polaire que dans la région équatoriale, le rac-
courcissement étant progressif quand on passe de
l'une à l'autre d'une façon continue. La figure 9
rend compte de cette variation, mais l'exagère considérablement. Il résulte alors dès mesures que,
abstraction faite des très faibles inégalités d'altitude de notre globe, la forme du méridien est
une courbe légèrement aplatie, une ellipse, et tous
les méridiens sont des ellipses égales.

La Terre a donc la forme d'un ellipsoïde de révolution. La théorie indique d'ailleurs qu'une masse fluide en rotation dont les particules sont soumises à la *gravité* et à la *force centrifuge* doit affecter la forme d'un ellipsoïde, aplati aux pôles.

LE PENDULE La forme de la Terre peut être mise en évidence encore par la mesure de la durée d'oscillation d'un pendule en différents points du globe. Un corps tombant librement à la surface de la Terre prend une vitesse qui va en augmentant. Désignons par g le nombre de centimètres dont s'accélère la vitesse à chaque seconde. Le pendule étant constitué par une masse pesante reliée par un fil à un point fixe O (fig. 10) il existe, entre la durée en secondes t d'une oscillation complète, la longueur en centimètres l du pendule et l'accélération g, une relation qui s'écrit ainsi :

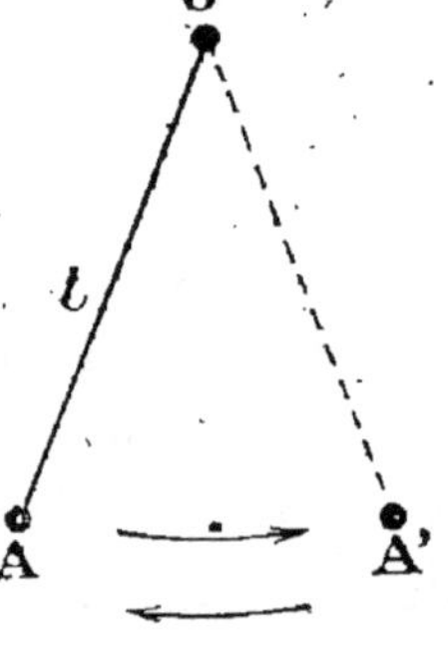

Fig. 10

$$g = \frac{4 \pi^2 l}{t^2}$$

où :

$$\pi = 3,1416$$

On a donc un moyen de déterminer l'accélération *g* en observant la durée d'oscillation du pendule. Or l'*accélération* ou *variation* de vitesse dans le mouvement d'un corps est due à l'action de *forces* qui s'exercent sur lui. Et l'accélération que prend un corps est proportionnelle à la résultante des forces qui lui sont appliquées. Ces forces, pour une masse tombant librement à la surface du sol sont, d'une part, l'*attraction* de la Terre et de l'autre la *force centrifuge*. Tout se passe sensiblement pour l'*attraction* comme si la masse totale de la Terre était condensée en son centre. Si le globe était sphérique, l'attraction en chaque lieu de la surface serait le même. L'accélération résultante *g* varierait néanmoins d'un point à un autre parce que la *force centrifuge* croît depuis le pôle, où elle est nulle, jusqu'à l'équateur où elle est maximum. La théorie permet de trouver l'expression de cette variation. La variation observée est légèrement différente de celle-ci. Cette différence tient à l'aplatissement de la Terre et fournit un moyen de le calculer.

L'accélération *g* varie de 983 centimètres par seconde au *pôle*, à 978 centimètres à l'équateur. Ces nombres représentent le double de l'espace parcouru au bout d'une *première seconde* de chute, pour un corps librement abandonné (abstraction faite de la résistance de l'air).

DIMENSIONS DE LA TERRE — Le 1/2 grand axe est égal à 6378 kilomètres.

Le 1/2 petit axe est égal à 6356 kilomètres.

On peut très approximativement se représenter la terre comme une *sphère de 6370 kilomètres de rayon*.

DENSITÉ DE LA TERRE — Au chapitre XI, consacré à la mesure des masses en astronomie, on verra comment on a pu déterminer celle de la Terre. Connaissant le volume du globe, un simple rapport donne alors sa *densité moyenne*. Cette densité, *par rapport à l'eau*, est voisine de 5,5; c'est-à-dire que si l'on imagine une sphère d'une matière *homogène* ayant même volume et même masse que la Terre, chaque centimètre cube de cette sphère aurait une masse 5,5 fois plus grande que celle d'un centimètre cube d'eau et pèserait donc 5,5 grammes. Mais la densité des roches superficielles n'est que de 2,5. Il s'ensuit que la densité doit être grande à l'intérieur du globe et atteindre, dans ses profondeurs, celle du plomb.

On a encore appliqué, pour trouver la densité de la terre, une méthode due à Bouguer, et dont voici le principe. Imaginons que nous nous déplacions sur un méridien entre deux stations A et B. La connaissance du chemin parcouru permettra de calculer l'angle des verticales en ces deux lieux

et cet angle devrait être celui que feront entre
eux deux fils à plomb placés en A et B. Mais si
entre les deux stations se trouve une montagne,
l'expérience montre que l'angle des fils à plomb
sera plus grand que l'angle déduit du chemin parcouru. C'est que l'attraction de la masse monta-
gneuse a dévié la verticale en deux sens opposés.
La théorie permet de calculer, à partir de cette
discordance, le rapport des masses de la montagne
et du globe terrestre, et par suite, leurs volumes res-
pectifs étant connus, le rapport de leurs densités.

**TEMPÉRA-
TURE DANS
LE SOL**   A une faible distance du sol (25 m. à
Paris), la température demeure constante
en toute saison. Mais cette température
croît avec la profondeur. Elle s'élève de 1° pour
des déplacements variant de 30 à 80 m. environ,
suivant la nature des terrains où ont été faites les
expériences : à Paris (33 m.), en Saxe (50 m.),
au Brésil (36 m.). On est expérimentalement
assuré que la température augmente jusqu'à 2.000
mètres de profondeur. Elle ne cesse de croître
au delà sans doute.

Il en résulte qu'il doit régner vers les régions
centrales de la Terre une température tellement
élevée et une pression si considérable que nous ne
pouvons nous rendre compte sous quel état s'y
trouve la matière.

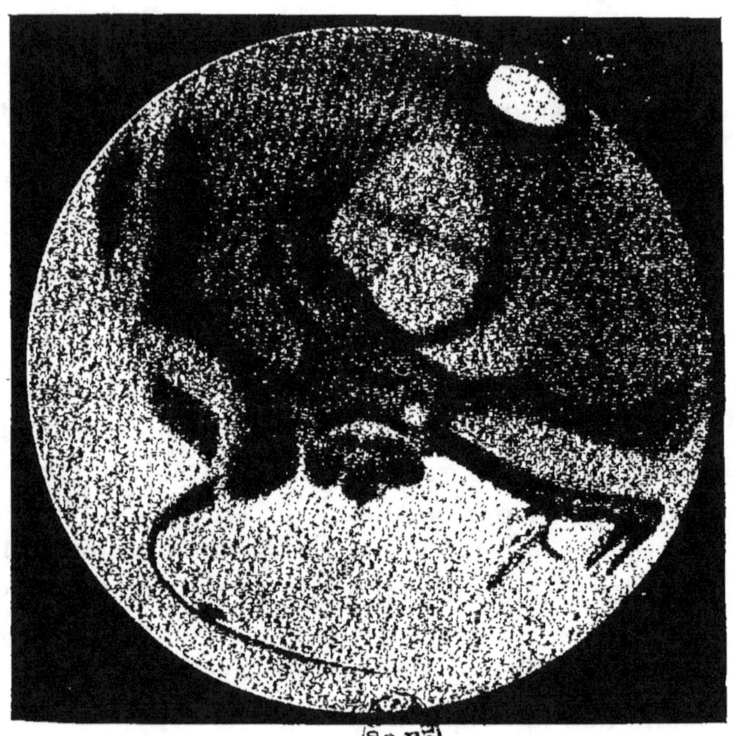

MARS, *d'après un dessin de* E. M. Antoniadi,
le 20 septembre 1909.
(*Extrait du Bulletin de la Société Astronomique de France.*)

EL
DU
MA

ELASTICITÉ
DU GLOBE.
MARÉES

La Terre n'est pas un globe d'une rigidité absolue; c'est ce que manifestent l'étude des marées et celle des variations périodiques de la verticale.

L'attraction due au Soleil et surtout à la Lune, produit sur les eaux de la mer des oscillations qui constituent les *marées océaniques;* elles résultent de la superposition de phénomènes de différentes périodes (1/2 journée, journée, mois, 1/2 année, année), qu'on sait distinguer entre eux. Et la théorie permet d'établir *a priori* quelle serait la hauteur des marées au-dessus d'un globe *parfaitement rigide.* Mais les attractions lunaires et solaires s'appliquent au sol lui-même qui *cède* sous leur influence : les effets constatés sur l'eau des océans ne sont par suite que les différences entre les marées océaniques théoriques et les marées de l'écorce terrestre. La marée observée étant, en fait, plus faible que la marée théorique, il en résulte que le globe terrestre a une certaine élasticité et on a pu établir que son écorce présente une rigidité voisine de celle de l'acier.

Des expériences sur le pendule ont conduit au même résultat : les attractions du Soleil et de la Lune doivent légèrement dévier la direction du fil à plomb. Dans l'hypothèse d'une Terre rigide, on calcule facilement cette déviation. Or, l'amplitude constatée de la déviation n'est que les 2/3 de sa valeur théorique. On en a tiré relativement à la constitution du globe des conséquences qui corroborent celles déduites de l'étude des marées. Disons que les mesures à effectuer sont extrêmement délicates, car la déviation que prendrait un pendule de un mètre de long, n'atteindrait que quelques dix-millièmes de millimètres. Mais les instruments employés permettent d'amplifier considérablement et dans un rapport connu ces petits effets. La difficulté consiste à reconnaître et à éliminer les influences parasites comme celles qui proviennent des variations de température.

Le globe se comporte en somme comme un corps élastique de rigidité assez élevée.

ATMOSPHÈRE. RÉFRACTION La Terre est entourée d'une couche d'air d'une hauteur approximative de 120 kilomètres. La température y diminue de 6° en moyenne quand on s'élève de 1 kilomètre; mais à partir d'une certaine altitude variant, suivant les régions, de 7 à 15 kilomètres, la température demeure constante.

L'interposition de cette atmosphère modifie la direction des rayons lumineux nous venant des astres et nous font paraître ceux-ci plus élevés sur l'horizon qu'ils ne sont réellement.

On apprend en physique que si un rayon lumineux passe d'un milieu moins dense dans un milieu plus dense (fig. 11), de l'air dans l'eau par exemple, en suivant une direction SI oblique à la surface de séparation, il se *brise*, se propage suivant I R en se rapprochant de la perpendiculaire IN. Il n'y aurait pas eu de déviation si le rayon incident eût été dirigé suivant N'I.

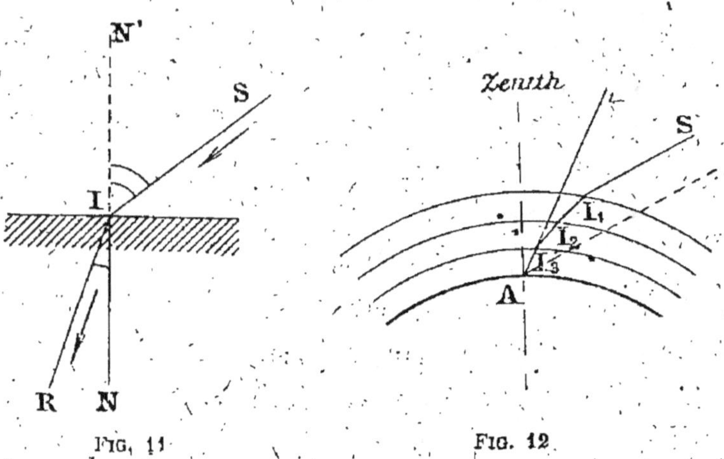

Fig. 11   Fig. 12

On peut admettre approximativement que l'atmosphère terrestre est constituée par des couches d'air concentriques dont la densité décroît à partir du sol. Figurons trois couches pour simplifier. Un rayon lumineux émane d'un astre S, suit pour arriver en A à l'œil de l'observateur le chemin SI₁ I₂ I₃ A (fig. 12). L'observateur situe l'astre dans le prolongement de AI₃, alors que la direction réelle est parallèle à I₃S. L'astre *apparaît* donc plus élevé qu'il ne l'est au-dessus de l'horizon. L'angle des deux directions, apparente et réelle, est appelé *réfraction atmosphérique*. La réfraction est nulle pour un astre situé au zénith et augmente à mesure que l'astre est plus bas.

Le Soleil et la Lune par exemple, *relevés* par la réfraction, sont encore visibles alors qu'ils se trouvent au-dessous de notre horizon; la réfraction produit alors une déviation de 36′ environ; elle est à peu près égale au diamètre apparent du Soleil et de la Lune.

AURORE CRÉPUSCULE — Alors même que le Soleil abaissé sous l'horizon cesse d'être directement visible, ce n'est pas encore la nuit complète.

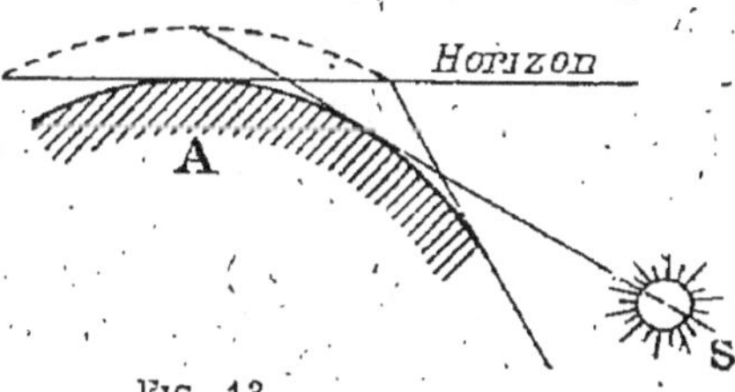

Fig. 13

L'apparition de la nuit, comme celle du jour, ne se fait que graduellement; la nuit et le jour sont précédés du *crépuscule* et de l'*aurore*.

Le soleil étant en S (fig. 13) continue à éclairer les couches supérieures de l'atmosphère qui diffusent sa lumière.

Les étoiles de *première grandeur* apparaissent quand le Soleil se trouve à 6° environ au-dessous de l'horizon. On ne constate l'obscurité complète que lorsque l'astre est abaissé de 18°.

LA TERRE TOURNE SUR ELLE-MÊME

ROTATION DE LA TERRE

La connaissance du mouvement de rotation de la Terre fut lentement et péniblement acquise. Elle ne s'imposa qu'après les travaux de Copernic.

La Terre tourne sur elle-même autour d'un axe qui, prolongé, perce le ciel en un point tout à fait voisin de l'*Etoile polaire* (fig. 14). La rotation a lieu de *l'ouest à l'est*. Les apparences, pour l'observateur, sont absolument les mêmes que si la Terre était fixe et que tout le ciel d'un mouvement d'ensemble, tournât autour du même axe de l'*est à l'ouest*. Il s'ensuit que les astres apparaissent

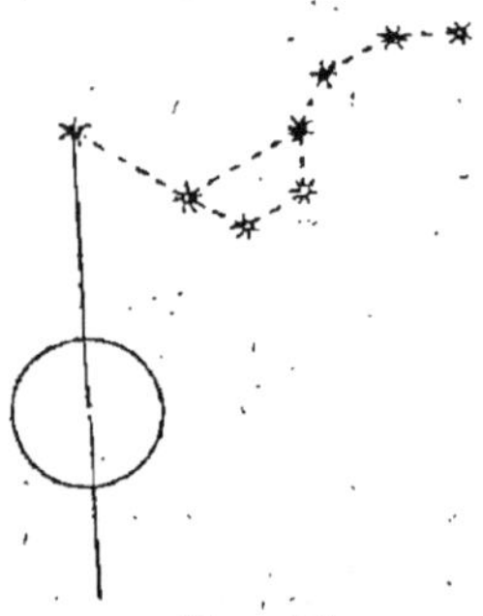

Fig. 14

vers l'est, montent au-dessus de l'horizon, traversent le plan du méridien et s'abaissent ensuite pour disparaître du côté de l'ouest.

Les preuves, aujourd'hui connues, abondent qui démontrent que la Terre tourne sur elle-même et non tout le ciel autour de notre globe.

FORCE CENTRIFUGE — C'est d'abord l'existence de la force centrifuge. L'expérience simple de la balle fixée à l'extrémité d'une ficelle et qu'on fait tourner rapidement (fig. 15), met en évidence l'existence de la force centrifuge; la main sent l'effort de la balle *tirant* sur la ficelle. Cette force chassé les corps dans une direction perpendiculaire à l'axe de rotation.

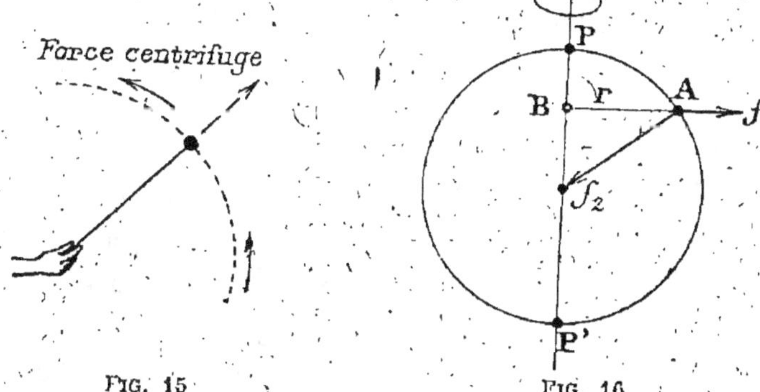

FIG. 15   FIG. 16

Pour la Terre, la force centrifuge s'exerçant sur un élément A (fig. 16) sera donc une force f_1 perpendiculaire à la ligne des pôles et située dans le méridien de A; sa grandeur est — on le démontre — proportionnelle à la distance du point A à l'axe, ainsi qu'au carré de la vitesse de rotation.

La *pesanteur* en A est la résultante de la force centrifuge et de l'attraction exercée par toute la Terre sur l'élément (et tout se passe, pour l'attraction, comme si la masse entière du globe était condensée en son centre). La pesanteur d'un même corps varie donc quand on se déplace du pôle vers l'équateur. A l'équateur, force centrifuge et attraction ont des directions directement opposées; si la Terre tournait sur elle-même 17 fois plus vite, la force centrifuge à l'équateur contrebalancerait exactement l'attraction : les corps en cet endroit n'auraient plus de poids. Mais c'est une éventualité qui n'est pas à envisager, la vitesse de rotation du globe n'ayant aucune tendance à croître.

DÉVIATION VERS L'EST D'UN PROJECTILE EN CHUTE LIBRE . Imaginons un puits très profond (fig. 17). Le sommet du puits étant plus éloigné de l'axe de rotation que le fond situé à l'intérieur de la Terre, aura une vitesse horizontale dirigée vers l'est plus grande que celle du fond. Laissons tomber un corps depuis l'orifice. Il participe, au moment où on l'abandonne, à la vitesse du sommet du puits et cette vitesse horizontale *qu'il conserve, se* se combine avec sa vitesse de chute verticale. Il parcourt alors, tout en tombant, le même chemin vers l'est que l'orifice du puits, route plus grande que celle dont s'est déplacé le fond. Le projectile abandonné, devra donc tomber à *l'est* du pied de la verticale correspondant au point de départ. En fait, le calcul montre que la déviation vers l'est est extrêmement faible et la vérification est très délicate. Elle a été tentée pourtant aux mines de Freiberg en 1831, et l'expérience confirma la théorie. Pour une chute de 1.585 mètres environ, la déviation constatée fut de 28 millimètres.

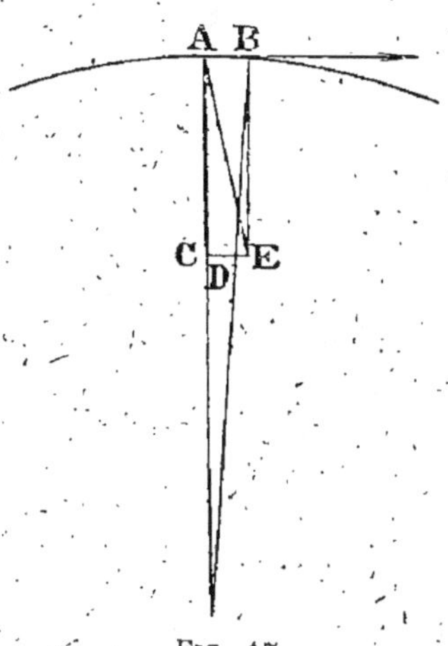

Fig. 17

PENDULE DE FOUCAULT — La manifestation du mouvement de la Terre par le pendule est plus tangible. Si après avoir écarté un pendule de sa position d'équilibre on l'abandonne à lui-même, il oscille dans un plan de *direction invariable*. Supposons une expérience possible au pôle même. Le plan d'oscillation étant invariable, la Terre fera défiler devant le pendule tous les points du cercle

ABC (fig. 18) ; l'observateur verra le pendule se
déplacer de *l'est à l'ouest*. Au pôle sud, le phénomène serait analogue, mais le sens de rotation du
pendule serait opposé. A égale
distance des pôles, à l'équateur,
le plan d'oscillation paraîtrait immobile. Dans nos régions, le phénomène est moins simple, mais la
théorie montre que le plan d'oscillation doit *apparemment* tour-

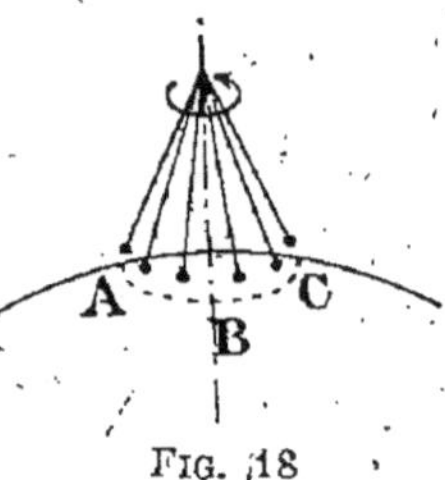

FIG. 18

ner et faire une rotation complète en un temps
supérieur à vingt-quatre heures et qui augmente à
mesure que l'on s'éloigne du pôle nord.

A Paris, la durée de la rotation apparente du
plan du pendule est de 32 heures, et l'expérience
faite par Foucault au Panthéon, fut publiquement
renouvelée en 1900.

VENTS ALISES — Les couches d'air, au contact du sol,
dans les régions équatoriales, s'échauffent,
se dilatent et appellent l'air des régions plus froi-
des. Il se produirait donc, si la Terre était immobile (fig. 19), des courants d'air froid circulant
directement, dans les régions basses, des pôles
vers l'équateur et, dans les régions élevées, des courants d'air échauffé allant de l'équateur vers les
pôles. Mais les particules d'air, entraînées par le
mouvement de rotation de la Terre sont animées de

vitesses moins grandes au pôle qu'à l'équateur. Les vitesses initiales se conservent et se composent avec celles qui amènent les molécules d'air du pôle vers l'équateur. Il en résulte qu'en arrivant vers les régions équatoriales elles seront *apparemment* en retard et qu'on constatera un courant d'air se dirigeant du *nord-est au sud-ouest* dans l'hémisphère boréal (fig. 20), et du *sud-est au nord-ouest* dans l'hémisphère austral : ce phénomène constitue les *vents alisés*.

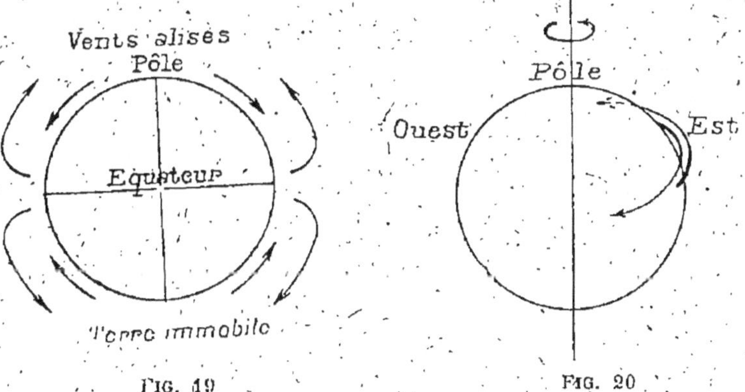

FIG. 19   FIG. 20

Les vents des couches supérieures ou *contre-alizés* souffleront comme il est facile de s'en rendre compte, du *sud-ouest vers le nord-est* dans l'hémisphère nord et du *nord-ouest vers le sud-est* dans l'hémisphère austral.

Des particularités analogues, résultant du mouvement de rotation de la Terre s'observent dans la direction générale des courants marins.

PREUVE MÉ- CANIQUE — Nous avons vu que les mesures exécutées à la surface de notre globe ont montré qu'il avait une forme voisine de la sphère, mais aplatie légèrement au pôle et renflée à l'équateur. Or, la théorie indique qu'une masse fluide — et ce fut la nature primitive de la Terre — affecte précisément cette forme lorsqu'elle est en rotation autour d'un axe qui la traverse.

LOI DU MOU- VEMENT DIURNE — La Terre tourne sur elle-même d'un *mouvement uniforme* de l'ouest à l'est en passant par le sud (sens direct), autour d'un axe qui la perce en deux points appelés les pôles (pôle nord, pôle sud, fig. 21). La durée de la rotation est *constante*; nous l'appelons *jour sidéral* et elle vaut 23 h. 56 m. 4 s. de temps moyen. Le temps moyen est le temps de nos horloges; il sera précisé plus tard. (Chap. IX).

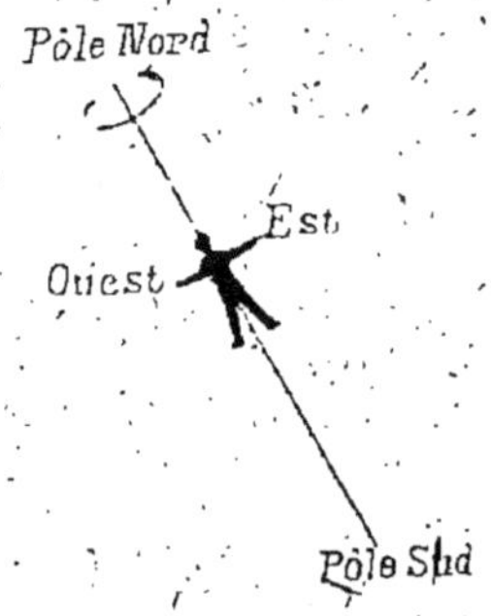

FIG. 21

Le jour sidéral est divisé en 24 *heures sidérales;* l'heure sidérale en 60 *minutes,* etc.

Par l'effet du mouvement diurne, un point situé à l'équateur se déplace à la vitesse de 465 m. par seconde; à Paris, la vitesse est de 306 m.; elle est nulle aux pôles.

**LONGITUDE
LATITUDE
ALTITUDE**

Pour fixer la position d'un point A à la surface de la Terre, on le rapporte à des plans de référence qui sont : 1° l'*équateur* (plan perpendiculaire à la ligne des pôles passant par le centre la Terre) ; 2° le *plan méridien* d'un lieu particulier, généralement Paris ou Greenwich. On appelle *longitude* de A l'angle que fait son plan méridien avec le plan méridien origine (fig. 22). La longitude se compte de 0° à 90° et est dite *orientale* ou *occidentale* selon que A est à l'est ou à l'ouest de l'origine G. On exprime généralement la longitude *en temps*, 24 heures correspondant à 360°. Donc une heure équivaut à 15°; une minute de temps à 15′ (minutes d'arc), etc...

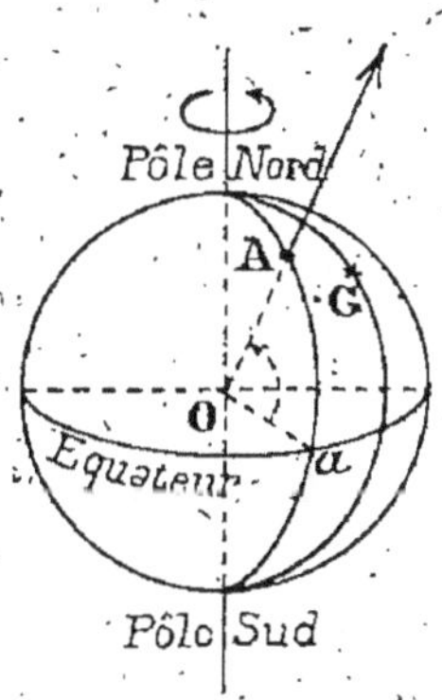

FIG. 22

La longitude du point A *sera mesurée alors par le temps que met la terre à tourner sur elle-même, de l'angle que font les méridiens de G et de A.*

Paris, par exemple, a une longitude orientale, par rapport à Greenwich, de 9 minutes 20 secondes 6/10. Washington a par rapport à Paris une longitude occidentale de 5 h. 17 m. 37 s. ; c'est dire que si une étoile se trouve dans le méridien de Paris à un certain instant, elle traversera celui de Washington 5 h. 17 m. 37 s. plus tard.

La longitude fixe donc le méridien sur lequel se trouve le lieu.

Pour préciser la position de A, il faut donner aussi sa *latitude*, qui est l'angle *a* OA que fait avec le plan de l'équateur la verticale du lieu. La latitude comptée de 0° à 90° est *boréale* ou *australe*, suivant l'hémisphère dans lequel se trouve le lieu. Paris se trouve à une latitude boréale de 48° 50′ environ.

La longitude et la latitude donnent donc la position de la verticale du lieu, rapportée au globe terrestre. Le lieu A sera lui-même complètement déterminé si l'on précise son *altitude*, qui est sa hauteur au-dessus (ou au-dessous) du niveau moyen des mers.

VARIATION DES LATITUDES

Notre globe n'est pas percé par l'axe de rotation en un point absolument *fixe* de *la surface terrestre*. Le pôle a, sur la surface terrestre, un mouvement de très faible amplitude que des observations astronomiques modernes de haute précision faites en vue de déterminer la latitude de certains lieux de la Terre, a mis en évidence.

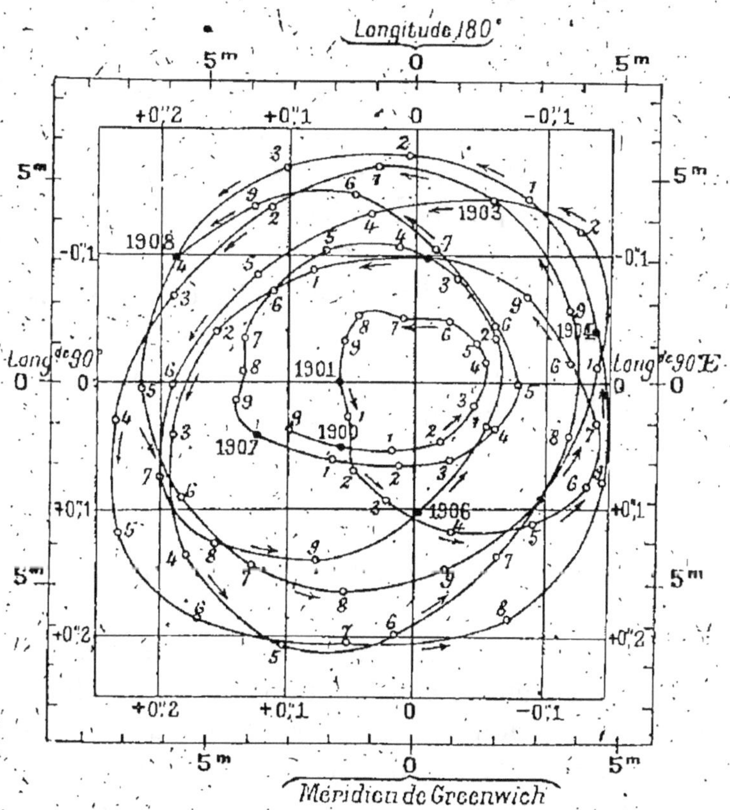

On a constaté une *variation des latitudes.* Or, *les latitudes* sont rapportées à l'équateur, lui-même perpendiculaire à la ligne des pôles : la ligne des pôles se déplace donc par rapport au globe. Son mouvement, dont les causes — météorologiques ou géologiques — sont inconnues encore, présente deux périodes nettes, l'une de quatorze mois, l'autre d'un an.

Durant la première période, le pôle décrit une petite ellipse, durant la seconde, un cercle. La superposition des deux mouvements donne lieu à un déplacement en spirale. Le diagramme de la page 60 représente la courbe décrite par le pôle entre les années 1900 et 1908. L'amplitude des écarts du pôle, à partir de sa position moyenne, ne dépasse pas $0'',5$, ce qui équivaut à une oscillation de 15 mètres au maximum sur la surface terrestre.

MOUVEMENT DE LA TERRE AUTOUR DU SOLEIL

Si, le soir, nous observons vers la région où disparaît le Soleil les constellations qui se couchent peu après lui, nous verrons qu'elles varient au cours de l'année : ce sont, en janvier, les étoiles du *Sagittaire*, en février le *Verseau*, en mars les *Poissons*, en avril le *Bélier*, en mai le *Taureau*, etc.

Le Soleil, outre son mouvement apparent quotidien, dû en réalité à la rotation de la Terre et qui produit la succession des jours et des nuits, *semble donc se déplacer à travers les étoiles au cours des mois.*

Une étude plus attentive permet de jalonner sa route apparente dans le ciel et on reconnaît que le Soleil *semble tourner autour de la Terre*, en se mouvant dans un plan qui est incliné de 23° 1/2 environ sur l'équateur. Ce plan est l'*écliptique;* il est ainsi nommé parce que les éclipses ne se produisent que lorsque la Lune est voisine de lui.

Que le Soleil tourne autour de la Terre ou que la Terre tourne autour du Soleil dans le même sens, les apparences demeurent les mêmes.

Si le Soleil tournait en effet autour de la Terre depuis S_1 jusqu'à S_2, il aurait été successivement

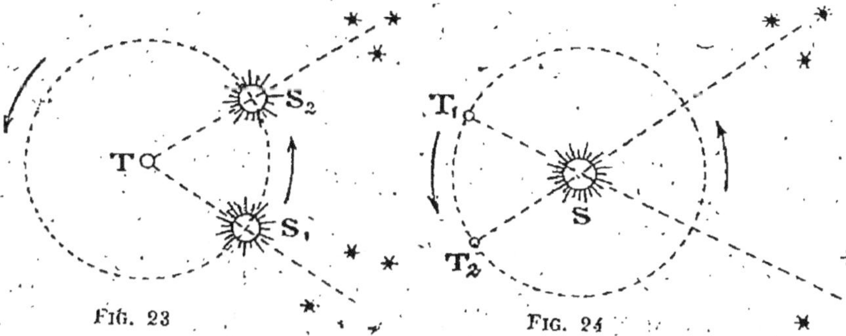

FIG. 23   FIG. 24

projeté par l'observateur fixe T, dans les mêmes régions du ciel (fig. 23), que s'il est immobile en S

et que l'observateur terrestre, au contraire, se déplace de T_1 en T_2 (fig. 24).

Or, il est démontré que la Terre se *meut autour
du Soleil.*

PREUVES DU MOUVEMENT   On en peut notamment donner les preuves suivantes :

Une étoile fixe E ne sera pas vue de la Terre,
dans la même direction, suivant que celle-ci se
trouve en T_1 ou six mois plus tard, en T_2 (fig. 25).

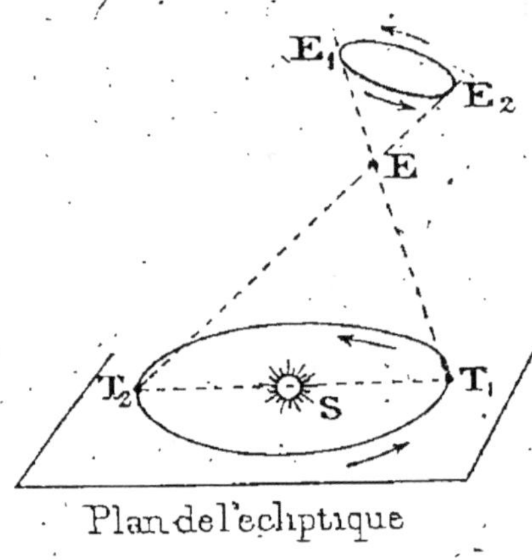

FIG. 25

La moitié de l'angle T_1 ET_2 est la *parallaxe* de
l'étoile E.

Dans le cours de l'année, le point de vue T_1 se
déplaçant, l'étoile, projetée sur le fond du ciel,
semblera décrire une petite courbe dont le sens
de parcours est le même que celui de la Terre. Un

5

tel effet ne peut être sensible que si l'étoile n'est pas trop éloignée de nous, car l'angle T_1ET_2 varie en raison inverse de la distance. Cet angle pour toutes les étoiles demeure très petit (inférieur à 1″). Il a fallu la précision des observations modernes pour mettre en évidence les parallaxes d'une centaine d'étoiles, les plus rapprochées de notre système solaire. Les recherches, infructueuses sur ce sujet, des astronomes du XVIIe siècle avaient conduit néanmoins à une découverte importante, celle de *l'aberration de la lumière.*

La lumière se propage avec une vitesse de 300.000 kilomètres par seconde; la Terre se meut autour du Soleil avec une vitesse moyenne de 30 kilomètres par seconde. Il en résulte, ainsi que le montra *Bradley* en 1729, que nous ne devons pas apercevoir les étoiles dans la direction véritable où elles se trouvent. Imaginons en effet l'appareil de visée de l'observateur, une lunette par exemple, dirigé exactement

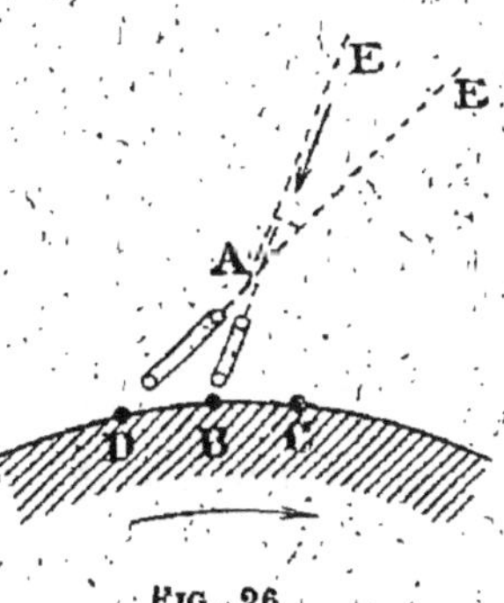

Fig. 26

vers l'étoile E au moment où le rayon lumineux arrive à l'extrémité A de l'appareil (fig. 26). Dans le temps que la lumière mettra pour aller de A en B, l'observateur entraîné avec la Terre se sera déplacé de B en C, et le rayon lumineux parviendra en B alors que l'œil n'y sera plus. Mais si nous donnons à notre lunette la direction AD telle que DB = BC, l'observateur parti de D et le rayon lumineux parti de A, arriveront simultanément en B et l'astre sera vu. La direction *apparente* d'une étoile diffère donc de la direction *réelle* d'un petit angle dépendant du rapport des vitesses de la lumière et de l'observateur. Et, à tout instant, l'astre semble dévié *parallèlement* au mouvement de l'observateur. Chaque étoile paraîtra donc décrire, dans le cours de l'année, une petite courbe en relation avec l'orbite de la Terre. C'est bien ce que l'on constate.

L'effet de l'aberration, à l'inverse de celui de la parallaxe, ne dépend pas de la distance des étoiles à la Terre. Il est sensible pour tous les astres. L'écart maximum entre leurs positions moyennes et leurs positions apparentes, le même pour tous, est vu de la Terre sous un angle de 20″ (fig. 27).

FORME DE L'ORBITE DE LA TERRE — La courbe décrite par la Terre n'est pas exactement un cercle dont le Soleil occuperait le centre; il suffit, pour s'en convaincre, de constater qu'au cours de l'année, le diamètre apparent du Soleil varie, ce qui n'arriverait pas si la Terre demeurait toujours à la même distance de lui. L'angle sous lequel nous voyons le Soleil oscille en effet entre $32',6$ au 1er janvier et $31',5$ au 1er juillet.

L'orbite est une ellipse (1) dont le Soleil occupe un des foyers. Son excentricité est faible, $1/60$, de sorte que l'orbite diffère peu d'un cercle. Elle est parcourue dans le *sens direct* (sens de la rotation de la Terre sur elle-même). Dans ce mouvement la ligne des pôles terrestres se déplace en conservant la même direction; elle demeure parallèle à elle-même. La distance moyenne de la Terre au soleil est de 23.400 fois le rayon terrestre, ce qui équivaut approximativement à 150 millions de kilomètres.

PRINCIPE DES AIRES   L'ellipse décrite par la Terre n'est pas parcourue d'une façon uniforme. La Terre se déplace plus vite lorsqu'elle est proche du Soleil que lorsqu'elle en est éloignée. La loi qui régit son

---

(1) L'ellipse est une courbe telle que la somme des longueurs MA et MB, distances d'un point quelconque M de la courbe à 2 points fixes A et B appelés *foyers*, conserve la même valeur quel que soit le point M. L'ellipse diffère d'autant moins d'un cercle que le rapport entre la distance AB et la somme constante MA + MB est plus petite. Ce rapport est l'*excentricité*.

mouvement, et à láquelle toutes les planètes sont soumises est la suivante : *les surfaces décrites pendant des temps égaux par le rayon joignant le Soleil à la Terre sont égales entre elles* (fig. 28).

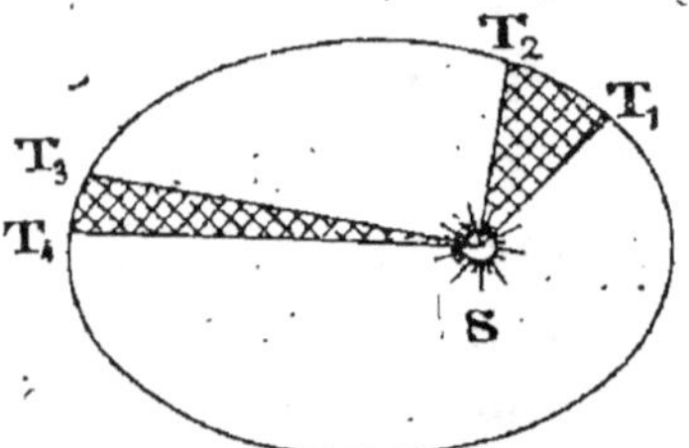

FIG. 28

Les surfaces $T_1 ST_2$, $T_3 ST_4$ sont égales entre elles, si la Terre a. mis le même temps pour parcourir les arcs $T_1 T_2$ et $T_3 T_4$.

EQUINOXES SOLSTICES — Le plan de l'écliptique (celui dans lequel se meut le centre de la Terre), coupe le plan de l'équateur terrestre suivant $\gamma \omega$ (fig. 29, II). C'est la *ligne des équinoxes*. La *droite* $\sigma \sigma'$ du plan de l'écliptique qui lui est perpendiculaire est la *ligne des solstices*.

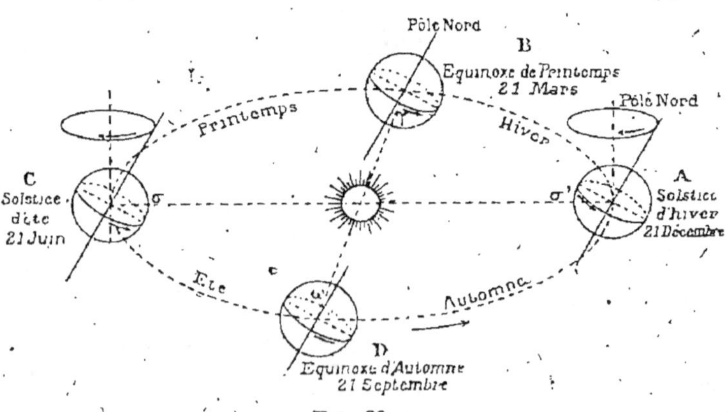

FIG. 29, 1

Quand la Terre est dans la position A (fig. 29, I) le Soleil se trouve dans la direction du solstice *σ* (*solstice d'hiver*). La Terre étant venue en B, le Soleil est dans la direction du point γ (*équinoxe du printemps*). Puis en C, le Soleil se trouve dans la direction de *σ* (*solstice d'été*), et enfin en D, dans la direction du point ω (*équinoxe d'automne*).

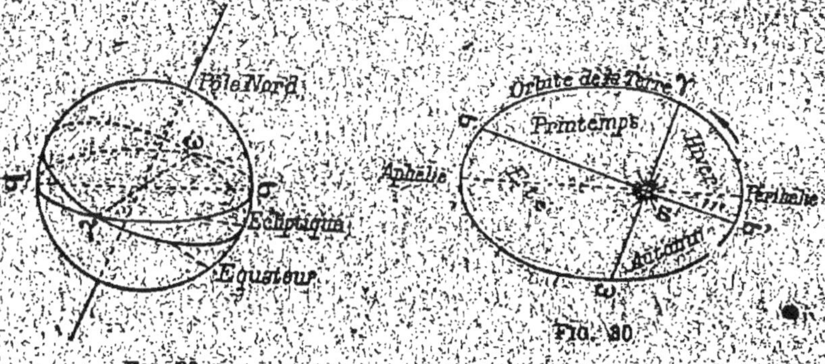

FIG. 29, II   FIG. 30

La ligne des solstices fait actuellement, dans le plan de l'écliptique, un angle de 11° 1/2 environ avec le grand axe de symétrie de l'ellipse décrite par la Terre (fig. 30).

VARIATION D'ASPECT DU CIEL ÉTOILÉ — L'aspect du ciel étoilé en un lieu donné A de la Terre, varie *d'un soir à l'autre* en raison du mouvement de translation de la Terre.

Disons de suite qu'il est *minuit* tout le long

d'un demi-méridien ZAZ′ (fig. 31) quand la moitié opposée du plan méridien rencontre le Soleil en vertu du mouvement diurne, c'est-à-dire *lorsqu'il y est midi.*

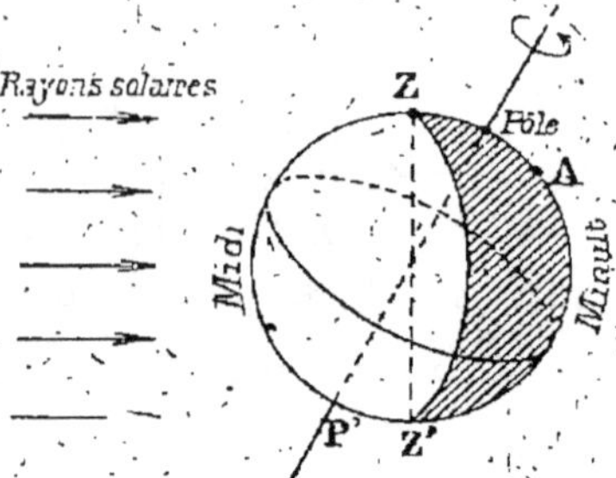

FIG. 31

Supposons par exemple qu'au solstice d'hiver une certaine étoile E soit rencontrée à minuit par le méridien de A (fig. 32). La Terre, se déplaçant en vertu

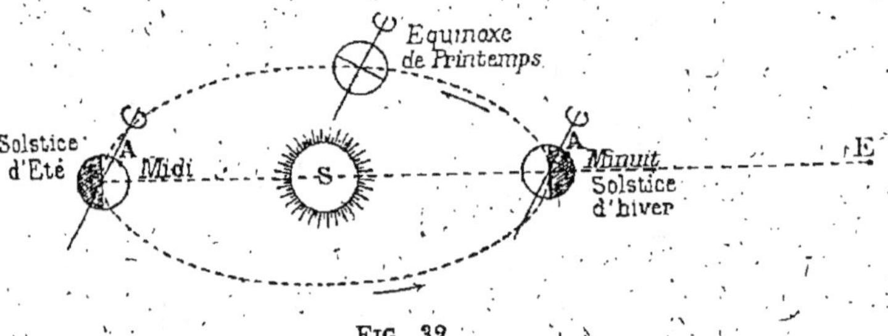

FIG. 32

de son mouvement de translation, le méridien de A, entraîné dans le mouvement diurne, rencontrera l'étoile E à une *heure solaire* de moins en moins tardive, vers 18 heures, à l'époque de l'équinoxe de printemps.

Au moment du solstice d'été, l'étoile E, vue dans la même direction que le soleil, sera dans le méridien de A *à midi*, etc. Il s'ensuit que les étoiles n'étant visibles pour nous qu'à partir de l'heure où le Soleil ne nous illumine plus, nous n'apercevrons plus les astres que rencontre notre méridien pendant le jour. L'aspect du ciel, *observé à la même heure solaire*, varie donc d'une nuit à l'autre d'une façon continue, comme si, dans l'ensemble, la voûte céleste avait tourné de l'est vers l'ouest. Les apparences se reproduisent au bout d'une année.

INÉGALITÉ DES JOURS & DES NUITS — Considérons la Terre au moment du solstice d'hiver (fig. 29, I et fig. 33). Le pôle nord et les lieux voisins ne se trouvant pas dans l'hémisphère éclairé par le Soleil, il y fait *constamment nuit*. A une latitude moindre, *il fera jour* tant que, en vertu du mouvement diurne, le lieu se déplacera le long de l'arc de cercle B'AB et il *fera nuit* le long de l'arc BA'B. On voit qu'alors, dans la zone boréale, *le jour est plus court que la nuit*. Dans l'hémisphère austral, au contraire, le jour est plus long que la nuit; à l'équateur, il y a, entre eux, égalité de durée.

Transportons-nous à l'époque du solstice d'été (fig. 29, I et fig. 34). Le pôle nord est constamment illuminé. En un point de l'hémisphère boréal l'arc de jour BA'B' est alors plus long que l'arc de nuit B'AB. La durée du jour l'emporte sur celle de la nuit; à l'équateur, durées égales; dans

l'hémisphère austral le jour est plus court que la
nuit.

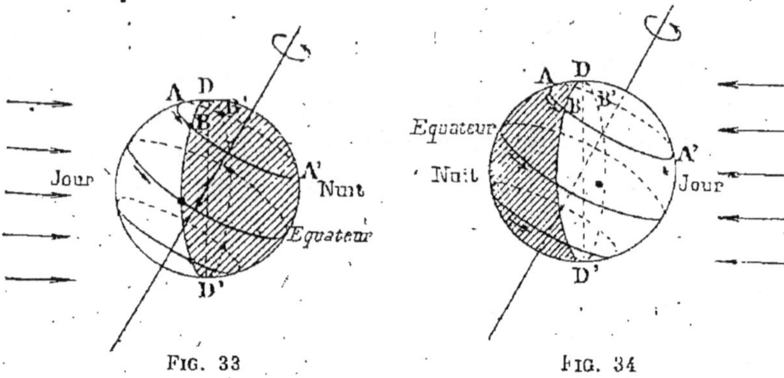

FIG. 33   FIG. 34

Quand la Terre se trouve aux équinoxes (fig.
29, I) les rayons solaires se propagent parallèlement à la ligne des équinoxes. Le cercle limite d'il-
lumination BDB'D' a tourné de 90° ; il passe alors
par la ligne des pôles et partage en deux parties
égales les parallèles tels que A'BAB'. En *tout
point de la Terre, la durée du jour est égale à celle
de la nuit* (d'où le nom d'équinoxe).

En résumé, *dans nos régions* par exemple, la
longueur du jour augmente depuis les environs du
21 décembre (solstice d'hiver) jusqu'aux environs
du 21 juin (solstice d'été), pour décroître ensuite.
Les phénomènes sont inverses pour les points de
l'hémisphère austral.

SAISONS   Le *printemps* astronomique commence à l'équinoxe de printemps et finit au solstice d'été; l'*été* astronomique dure du solstice d'été à l'équinoxe d'automne; l'*automne* astronomique de l'équinoxe d'automne au solstice d'hiver, et l'*hiver* astronomique du solstice d'hiver jusqu'à l'équinoxe de printemps. La longueur de ces saisons est inégale; cela tient (fig. 30) : *a*) à l'excentricité de l'orbite terrestre (le soleil n'est pas au centre de la courbe mais à l'un de ses foyers) ; *b*) au fait que la ligne des solstices est inclinée de 11° 1/2 environ sur le grand axe de l'ellipse; enfin, *c*), à la loi des aires qui assigne aux saisons des durées proportionnelles aux surfaces $\sigma' S \gamma$, $\gamma S \sigma$, etc.

Durée des Saisons

Printemps.	92 jours	20 heures	
Eté.	93 —	15 —	
Automne.	89 —	19 —	
Hiver.	90 —		

Ces durées ne demeurent pas absolument constantes, car l'angle que fait la ligne des solstices avec le grand axe de l'ellipse varie très lentement. Au point de vue climatologique, il faut tenir compte de la direction des rayons solaires par rapport à la surface terrestre qu'ils chauffent, ainsi que de la longueur du jour. En hiver, dans nos régions, les rayons solaires font avec la verticale un angle plus grand qu'en été (fig. 35) ; ils rencontrent la Terre plus *obliquement* et, *pendant le même temps*, lui apportent moins de chaleur. Le

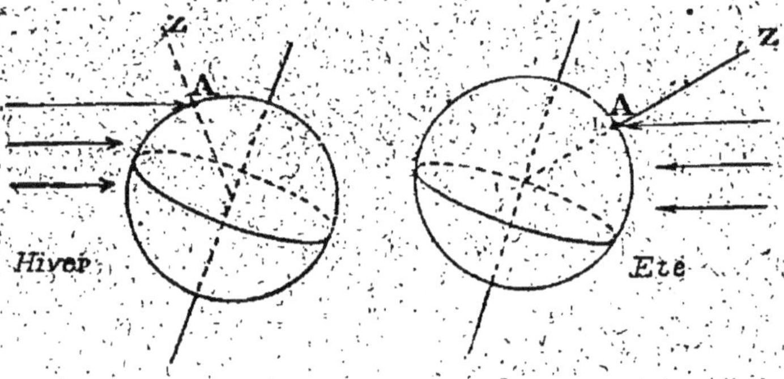

Fig. 35

jour par ailleurs étant plus court, la quantité de chaleur recueillie quotidiennement par le sol sera moindre en hiver qu'en été. La Terre, il est vrai, est plus voisine du Soleil en hiver qu'en été, mais cette différence de distance est trop faible pour compenser les influences prépondérantes dont il vient d'être question. Les conditions — théoriquement — devraient être renversées dans l'hémisphère austral. En réalité, le climat d'une région dépend d'un grand nombre de facteurs : altitude, répartition des terres et des mers, existence de courants marins, qui altèrent profondément les conditions purement astronomiques.

VARIATIONS DE LA DIRECTION DE L'ÉQUATEUR

On a admis, jusqu'ici, que dans le mouvement de translation de notre globe autour du Soleil, la ligne des pôles terrestre se déplaçait parallèlement à elle-même, conservant une direction invariable. Ce n'est qu'une première approximation. En réalité l'attraction du Soleil et surtout celle de la Lune sur le renflement équatorial de la Terre modifient lentement l'orientation de la ligne des pôles. Les deux tiers de cet effet sont dus à l'action de la Lune.

Si la Terre était rigoureusement sphérique et homogène l'action des astres extérieurs se traduirait par une force résultante *passant par son centre* et qui ne modifierait pas les circonstances de sa rotation.

En fait, la Terre peut être assimilée à une sphère entourée d'un bourrelet de dimensions restreintes par rapport à la sphère (fig. 36).

Mais l'attraction A exercée par l'astre L sur la partie du bourrelet qui lui est la plus voisine l'emporte sur l'attraction A'. Il s'ensuit que la direction du plan de l'équateur n'est plus fixe, que le globe terrestre tend à tourner lentement autour de la ligne des équinoxes $\gamma\,\omega$. Mais cette rotation se compose avec la rotation diurne et l'effet résultant est le suivant :

La ligne des pôles décrit, d'un mouvement uni-

FIG. 36

forme, un cône circulaire autour de la perpendiculaire o π *au plan de l'écliptique; le tour complet s'effectue en* 25.800 *ans, dans le sens rétrograde* (sens inverse du déplacement de la Terre). C'est le phénomène de la *précession* (fig. 37).

. Une légère oscillation supplémentaire, due uniquement à la Lune, fait décrire à la

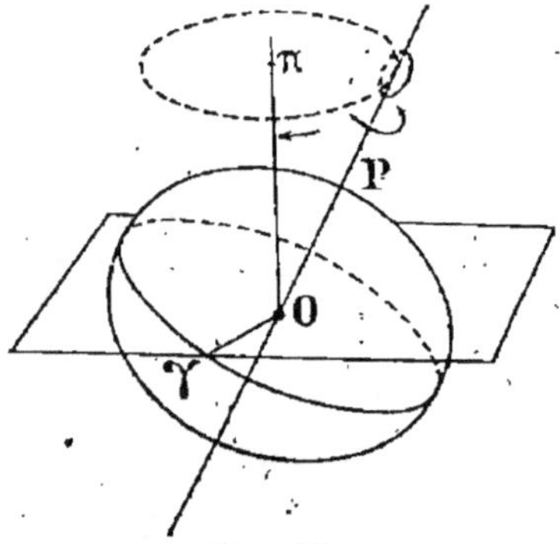

FIG. 37

ligne des pôles, autour de sa position moyenne fixée par la précession, un cône de très petite ouverture; l'écart maximum entre la position moyenne et la position réelle est de 9". C'est le phénomène de la *nutation* dont la *période est de 18 ans 2/3.*

PRÉCESSION DES ÉQUINOXES — Le plan de l'équateur se déplaçant, l'orientation de la ligne des équinoxes varie. Elle *rétrograde dans l'écliptique de* 50″ *environ par an.*

Suivons la Terre dans son déplacement à partir de l'équinoxe du printemps γ_1 d'une certaine année. La Terre part de T_1 (fig. 38) et chemine

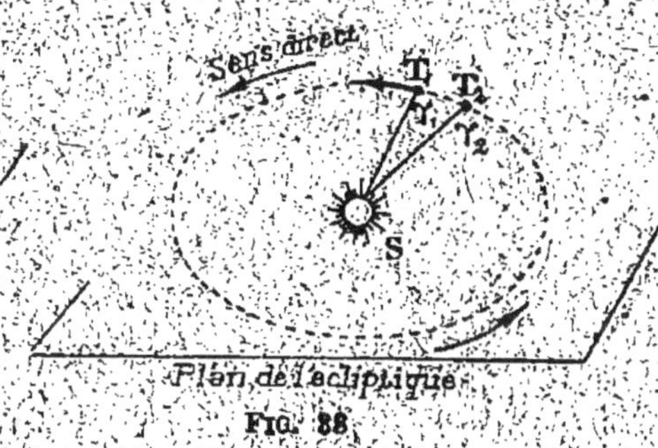

Fig. 38

autour du Soleil dans le *sens direct.* Pendant ce temps, la ligne des équinoxes se déplace lentement dans le *sens rétrograde* et l'équinoxe du printemps suivant γ_2 sera atteint par la Terre T_2, avant qu'elle ait fait un tour complet : il y a *précession des équinoxes.*

DÉPLACEMENTS APPARENTS DES ÉTOILES — Les étoiles figurent dans le ciel un système de forme très sensiblement invariable. Mais si on rapporte leurs positions à certains repères solidaires du globe terrestre, si, par exemple, on recherche leurs dis tances angulaires avec la direction du pôle, ces angles varieront lentement avec le temps. C'est que la ligne des pôles, par l'effet de la précession, se déplace dans le ciel.

La direction de l'étoile polaire (α P^{re} Ourse) fait actuellement un angle de 1° 10' avec la direction de l'axe de rotation de la Terre; cet angle ira en diminuant jusqu'à un demi-degré envi-

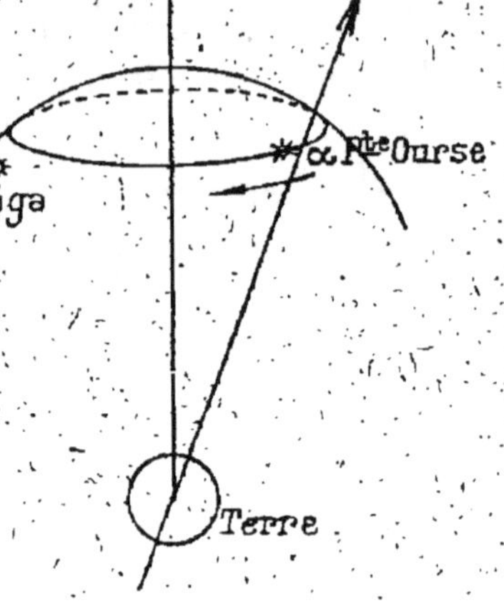

FIG. 39

ron, valeur qui sera atteinte vers l'an 2100. Puis l'angle des deux directions croîtra. Dans 13.000 ans c'est l'étoile Véga (α Lyre) qui donnera sensiblement la direction du pôle (fig. 39).

VARIATION DE LA DURÉE DES SAISONS La ligne des équinoxes se rapproche du grand axe de l'orbite terrestre en vertu de la précession (fig. 40). Mais le grand axe lui-même a un mouvement propre, dans le *sens direct*, de 12" par an; ce mouvement est dû à l'action attractive de l'ensemble des planètes sur la Terre qui modifie lentement les éléments de l'orbite de notre globe.

En somme, les directions SP et Sγ se rapprochent de 62″ par an ; elles coïncideront dans

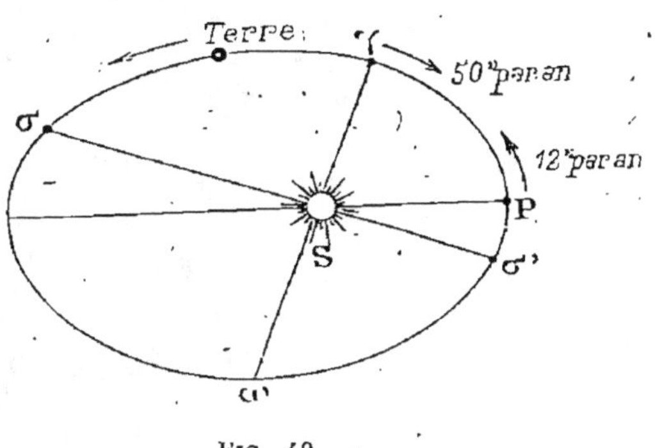

FIG. 40

4.800 ans environ, et alors la durée de l'hiver égalera celle du printemps, la durée de l'été celle de l'automne.

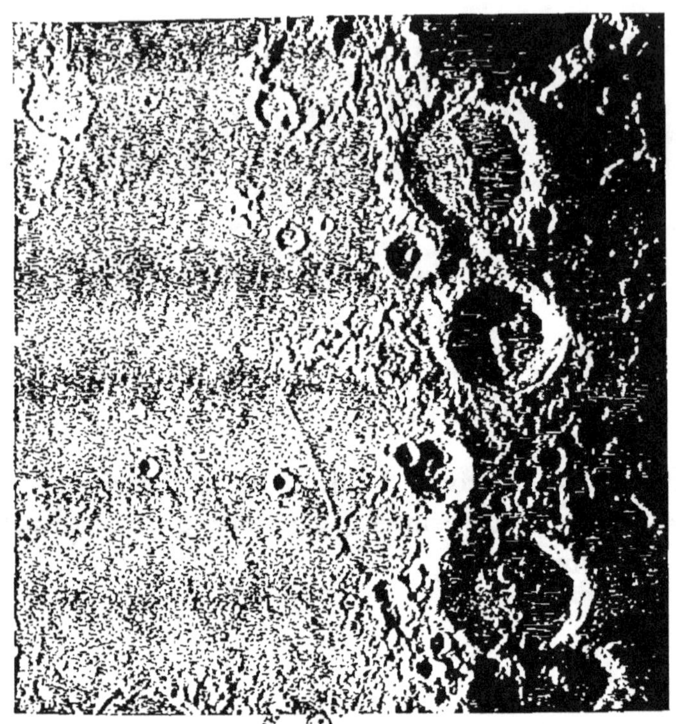

LA LUNE : ALPHONSE ET LE MUR DROIT.

(Extrait de l'Atlas photographique de la Lune de Lœwy et Puiseux, Observatoire de Paris.)

CHAPITRE IV

LA LUNE

        La Lune est un corps sensiblement sphérique, opaque, qui n'est pas lumineux par lui-même. Eclairée par le Soleil elle est visible pour nous grâce aux rayons qu'elle réfléchit ou diffuse. La Lune ne peut posséder qu'une atmosphère de densité extrêmement faible; les rayons lumineux, émanés des étoiles et qui rasent le bord de l'astre, ne sont pas, en effet, sensiblement déviés par la réfraction qu'occasionnerait la présence d'une enveloppe gazeuse. L'eau ne se rencontre pas davantage à la surface de la Lune. On a donné, assez improprement, le nom de *mers* à de grandes étendues grisâtres disséminées sur le disque lunaire et entourées de régions montagneuses; la nature de la lumière réfléchie par ces taches permet d'assurer que ce ne sont pas des étendues liquides, qui se comporteraient à la façon d'un miroir. Les montagnes projettent sur les mers des ombres dont la longueur a permis d'évaluer la hauteur du relief. Certains sommets, voisins du bord éclairé de la Lune, y déterminent des dentelures propres également à calculer leur hauteur. Les altitudes maxima sont proches de 8.000 mètres. La Lune, eu égard à ses dimensions, est plus profondément accidentée que la Terre. Certains pics, à cause de leur altitude, peuvent apparaître comme des taches brillantes isolées et émergent au-dessus de la partie de la Lune obscure à nos regards.

On a donné le nom de *cirques*, et souvent de *cratères*, à des formations circulaires se rencontrant sur les mers ou dans les parties montagneuses; elles sont limitées par une muraille de pente douce à l'extérieur et de pente plus prononcée vers l'intérieur; la partie centrale peut

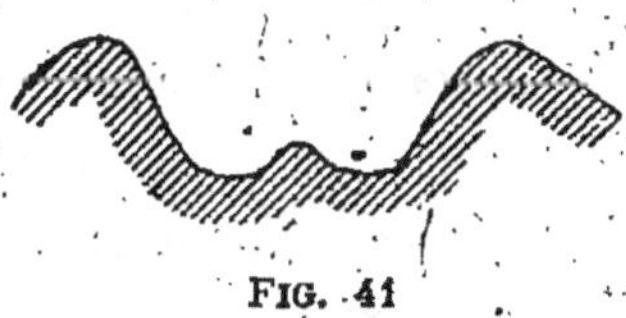

FIG. 41

atteindre des profondeurs de plusieurs kilomètres. Certains cirques présentent un diamètre de plus de 200 kilomètres, d'autres n'ont pas plus de quelques kilomètres de large. Parfois, en leur centre, s'aperçoit un piton conique (fig. 41) moins élevé que la muraille circulaire. De quelques cratères de petite dimension (30 kilomètres) rayonnent des traînées blanchâtres, comme des matières éjectées.

DIMENSIONS Le diamètre apparent de la Lune, c'est-à-dire l'angle sous lequel nous voyons l'astre, varie entre 29',5 et 33',5. Il est en moyenne égal à 31', à peu près celui du Soleil. La distance moyenne de la Terre à la Lune étant connue (1) (60 fois le rayon de la Terre, soit 389 fois moins que notre distance au Soleil), on en peut déduire que le rayon de notre satellite vaut sensiblement les 3/11 de celui de notre globe, soit 1.737 kilomètres. Sa masse est la 81° partie de celle de la Terre. Sa densité moyenne par rapport à l'eau est 3,3, celle de la Terre étant 5,5.

TEMPÉRA-TURE La Lune, se trouvant sensiblement à la même distance du Soleil que la Terre, reçoit par unité de surface la même quantité de chaleur que notre globe. Mais, la durée du jour lunaire, une demi-lunaison, pendant laquelle le sol accumule la chaleur, vaut près de quinze jours terrestres; par ailleurs, il n'existe pas, autour de la Lune, d'atmosphère servant de régulateur comme sur Terre. Aussi les écarts de la température y sont-ils grands. La température moyenne de l'hémisphère éclairé atteint près de 100°; elle dépasse 180° au point de la Lune qui a le Soleil au zénith.

(1) Les procédés de mesure des distances en Astronomie seront indiqués au chapitre X.

Inversement un thermomètre centigrade descendrait au-dessous de — 50° durant la nuit lunaire.

M O U V E - MENTS DE LA LUNE La Lune, comme tous les astres, participe d'abord pour nous au mouvement *diurne apparent*, dû en réalité à la rotation de la Terre sur elle-même : notre satellite se lève vers l'est, monte au-dessus de notre horizon, redescend et se couche vers l'ouest.

En rapportant les positions de la Lune à celles des étoiles fixes qui l'avoisinent, on s'aperçoit qu'elle se déplace très rapidement dans le ciel et en *fait le tour en vingt-sept jours un tiers*. L'étude de sa trajectoire, qui peut se faire comme celle du mouvement apparent du Soleil, montre que la Lune décrit en vingt-sept jours un tiers, dans le *sens direct*, une *ellipse dont la Terre occupe un des foyers*. L'excentricité de cette ellipse, 1/18, est approximativement trois fois plus forte que celle de l'orbite terrestre. La trajectoire lunaire se trouve dans un plan incliné de 5° environ sur le plan de l'écliptique. L'intersection des deux plans est appelée *ligne des nœuds.*

Le mouvement satisfait à la *loi des aires*, c'est-à-dire que les surfaces décrites par le rayon joignant les centres de la Terre et de la Lune sont proportionnelles aux temps employés à les couvrir.

PERTURBA-TIONS — En fait, ces données ne constituent qu'une première approximation. La position de l'ellipse décrite par notre satellite varie rapidement sous l'influence de l'attraction solaire.

La *ligne des nœuds rétrograde* d'un mouvement uniforme sur l'écliptique dont elle fait le tour en dix-huit ans deux tiers.

Le *grand axe* $L_1 L_2$ (fig. 42) se déplace d'un

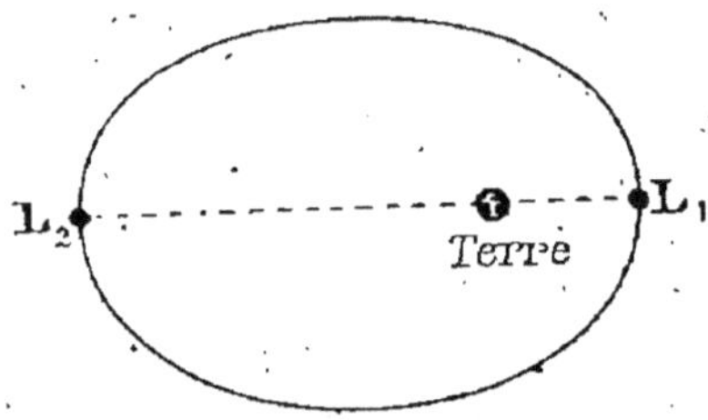

Fig. 42

mouvement uniforme dans le *sens direct* et fait un tour complet en neuf ans.

L'*inclinaison* du plan de l'orbite sur l'écliptique varie, en cent soixante-treize jours, de 5° 0′ à 5° 18′.

LUNAISON — Les aspects différents de la Lune vue de la Terre, croissant délié, disque circulaire, lune gibbeuse, qui constituent les *phases* dont il va être question, sont réglés par les positions respectives du Soleil, de la Lune et de la Terre.

On appelle *révolution synodique*, ou *lunaison*, ou *mois lunaire*, la durée, 29 jours 1/2 environ, qui sépare deux époques où les trois astres se retrouvent dans *la même position relative*. Le temps qui s'écoule entre les moments où la Lune et une étoile fixe se retrouvent simultanément dans le même méridien est la *révolution sidérale* d'une durée de 27 jours 1/3 environ.

PHASES Supposons, ce qui est voisin de la vérité, que la Lune se meuve dans l'écliptique, donc que Terre, Lune, Soleil demeurent dans un même plan invariable. Admettons aussi que le Soleil est assez éloigné de nous (relativement à la distance qui nous sépare de la Lune), pour que les rayons lumineux qui en émanent puissent être considérés comme parallèles entre eux (fig. 43).

FIG. 43   FIG. 44

L'observateur se trouvant en T (fig. 44) n'aperçoit que l'hémisphère de la Lune limitée par le cercle CD ; d'autre part les rayons émanés du Soleil n'illuminent que l'hémisphère limité par le cercle AB. La portion commune à ces deux hémisphères sera donc seule visible. Elle apparaîtra, dans la position figurée, sous la forme d'un croissant.

Le Soleil, la Lune et la Terre se trouvant en ligne droite sont dits en *conjonction* dans la position TL″S (fig. 43), en *opposition* dans la position L.TS. Quand les directions allant de la Terre au Soleil et de la Terre à la Lune font en elles un angle droit, la Lune est aux *quadratures*.

Le tableau suivant résume les aspects de notre satellite selon les positions relatives des trois astres : Soleil, Terre, Lune.

ANGLE des directions TS, TL	POSITIONS relatives	PHASES
0°	Conjonction	Nouvelle Lune (Lune invis.). Eclipse possible de Soleil.
45°	1ᵉʳ octant	Croissant)
90°	Quadrature	1ᵉʳ quartier
135°	2ᵉ octant	Lune gibbeuse O
180°	Opposition	Pleine Lune ☺ Eclipse possible de Lune.
225°	3ᵉ octant	Lune gibbeuse ☉
270°	Quadrature	2ᵉ quartier
315°	4ᵉ octant	Croissant (

LUMIÈRE CENDRÉE   Après la Nouvelle Lune (ou néoménie), alors que la portion directement illuminée de l'astre se réduit à un croissant, la surface entière est pourtant visible. Elle est faiblement éclairée par la *lumière cendrée* qui provient des rayons solaires réfléchis par la Terre. Une illusion d'optique due à un effet de contraste attribue au croissant lumineux un diamètre plus grand qu'à la portion révélée par la lumière cendrée (fig. 45).

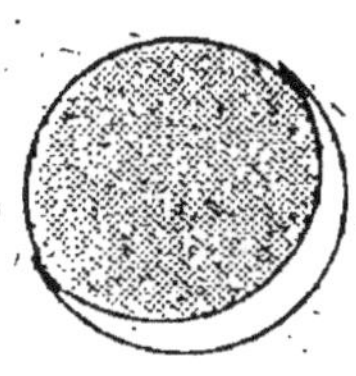

FIG. 45

ROTATION DE LA LUNE   L'examen du relief de la Lune montre que, vus de la Terre, les accidents de la surface, mers, sommets, conservent la même position par rapport au centre de l'astre. *La Lune tourne donc toujours la même face vers nous.*

Elle a, sur elle-même, un mouvement de rotation sensiblement uniforme dans le sens direct, dont la période égale sa révolution sidérale, soit 27 jours 1/3.

L'axe de rotation n'est pas exactement perpendiculaire au plan de l'orbite lunaire. L'angle est de 83° 1/2. Alors suivant que la Lune se trouve par rapport à la Terre (fig. 46) en L ou en L', de petites régions entourant les pôles P et P' sont visibles ou invisibles. D'autre part, la rotation de la lune sur elle-même est bien uniforme, mais son

mouvement autour de la Terre ne l'est pas. Il s'ensuit qu'à l'est et à l'ouest de l'astre deux étroits
fuseaux se trouvent alternativement cachés ou découverts.

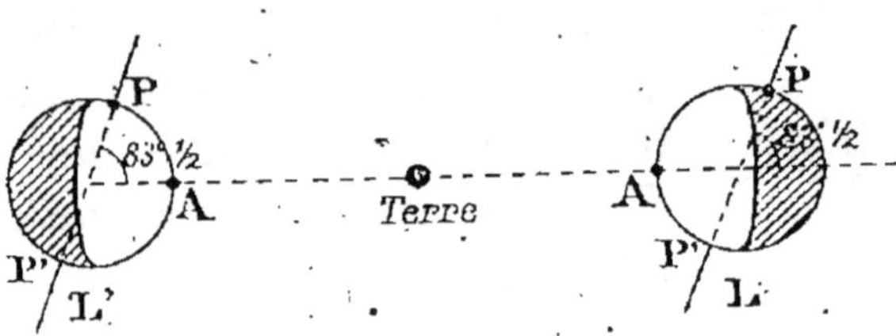

FIG. 46

Ces deux phénomènes se nomment les *libra-
tions*. Ils donnent l'apparence d'un balancement
de la Lune qui nous permet de connaître plus que
la moitié de sa surface totale, soit les 59/100.

ECLIPSES Le Soleil porte ombre sur la Terre et la
longueur du cône d'ombre engendré étant supérieure à la distance qui nous sépare de la Lune,
celle-ci peut être plongée tout entière dans le cône;
elle est alors invisible par tout l'hémisphère terrestre où il fait nuit; il y a *éclipse de lune*.

Il se produirait effectivement une telle éclipse
à chaque opposition (pleine lune) si le plan de
l'orbite lunaire L₁ L₂ coïncidait avec celui de
l'écliptique passant par ST (fig. 47). En fait, le
plan de l'orbite lunaire est incliné sur celui de

l'écliptique, et il n'y aura éclipse qu'aux oppositions où la Lune se trouvera en même temps voi

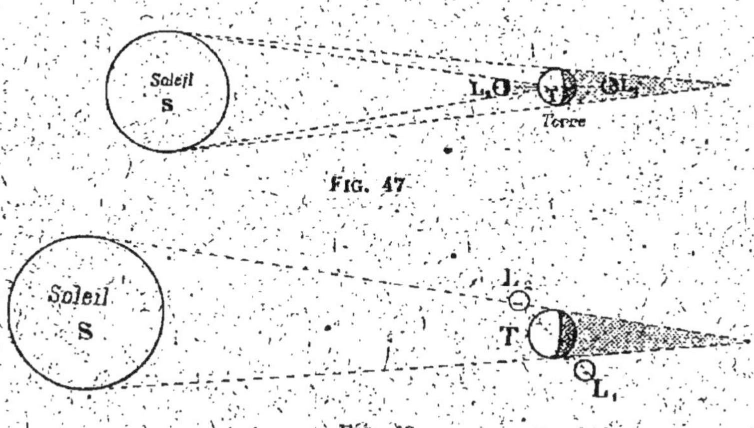

Fig. 47

Fig. 48

sine de la ligne des nœuds. La fig. 48 représente
une opposition où l'éclipse ne se produirait pas, la
Lune passant en dehors du cône d'ombre.

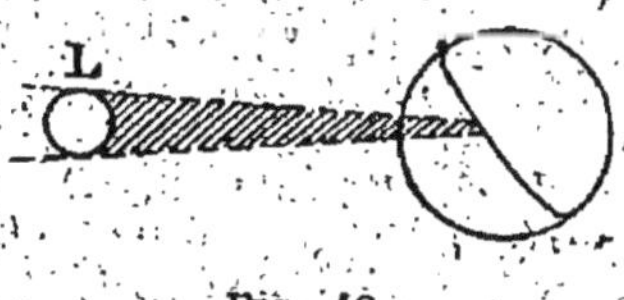

Fig. 49

L'ombre portée par le
Soleil sur la Lune peut,
aux époques des conjonctions (nouvelle lune), et
si la Lune est alors voisine du plan de l'écliptique, rencontrer la surface
terrestre (fig. 49). Il y aura alors, en certains lieux,
éclipse de Soleil et l'éclipse pourra être totale,
annulaire ou partielle (fig. 50).

Les éclipses totales réalisent des conditions par

ticulièrement favorables pour la connaissance de l'atmosphère solaire, et l'étude des protubérances

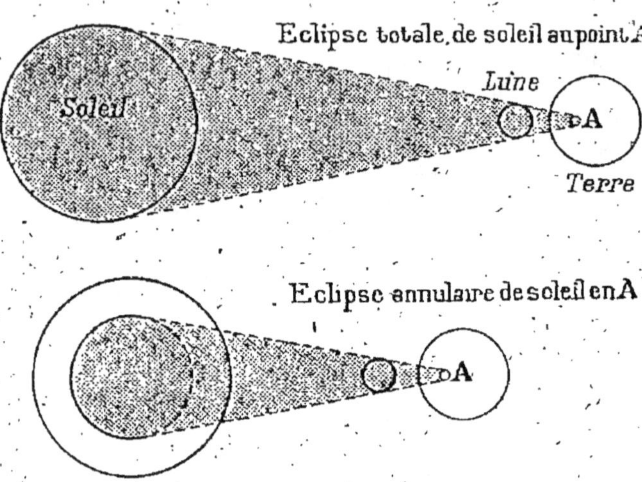

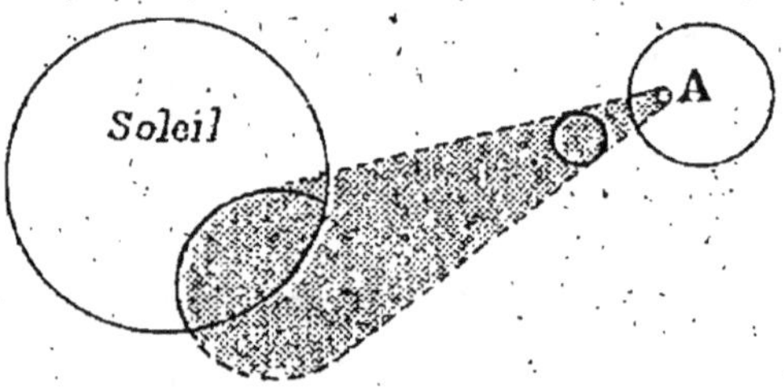

FIG. 50.

et de la couronne qui ne sont plus alors noyées dans la lumière éclatante de la photosphère. Aussi calcule-t-on avec soin par avance les circonstances des éclipses de Soleil et détermine-t-on les points de la Terre où elles auront lieu. Le phénomène est d'ailleurs fugitif puisque la durée de la totalité de l'éclipse n'excède jamais 8 minutes.

PÉRIODICITÉ DES ÉCLIP-SES   Les éclipses de Lune ou de Soleil dépendent des positions relatives des deux astres par rapport à la ligne des nœuds lunaires : il faut, en effet, pour qu'il y ait éclipse qu'ils soient en conjonction ou en opposition et que la Lune se trouve voisine de ses nœuds.

La période qui ramène les phénomènes était déjà connue des Chaldéens sous le nom de *Saros*.

Elle est *approximativement* de 18 ans 11 jours, au cours desquels il y a en moyenne 71 éclipses, dont 43 de soleil et 28 de lune.

Bien que les éclipses de Soleil soient plus nombreuses que les éclipses de Lune, ce sont pourtant ces dernières qui, *en un lieu donné*, s'observent plus fréquemment. Cela tient, comme le montrent les figures 47 et 49, à ce que les premières intéressent tout un hémisphère terrestre, tandis que les secondes ne sont visibles qu'en une bande étroite de notre globe.

Il se produit au plus, chaque année, 7 éclipses (5 ou 4 de Soleil et 2 ou 3 de Lune) et au moins 2. Dans ce dernier cas, les deux éclipses sont de Soleil.

CHAPITRE V

LES PLANÈTES

Lois de Képler — Attraction universelle

LES PLA-NÈTES   Un certain nombre d'astres, les *pla-nètes*, les uns visibles à l'œil nu et qui sont *Mercure, Vénus, Jupiter, Saturne*, les autres, qu'on ne peut découvrir qu'à l'aide de la lunette, comme *Uranus, Neptune*, et l'ensemble des *asté-roïdes* ou *petites planètes*, se déplacent à travers le ciel.

Leurs mouvements, vus de la Terre mobile elle-même, ont des apparences compliquées, mais les choses se simplifient si on les rapporte au Soleil.

On voit alors que les planètes décrivent autour du Soleil des chemins analogues à celui de la Terre.

La plupart des grosses planètes sont accompa-

Newton, la recherche du mouvement de *deux* astres en présence, est un problème simple de mécanique. Les deux astres auront, l'un par rapport à l'autre, un *mouvement relatif* dont toutes les circonstances sont précisément celles qu'indiquent les lois de Képler. En réalité, les deux corps tour-

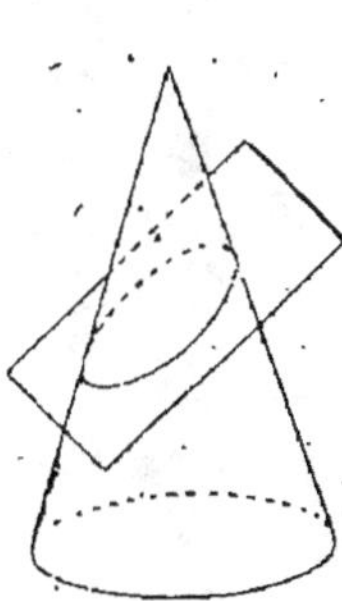

Le plan sécant n'est parallèle à aucune génératrice du cône et ne coupe qu'une nappe : la section est une *ellipse.*

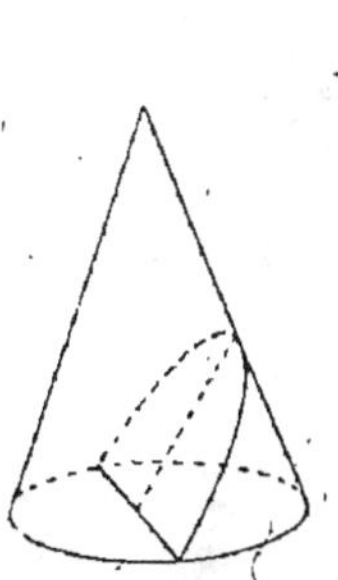

Le plan sécant est parallèle à une génératrice du cône : la section est une *parabole.*

Fig

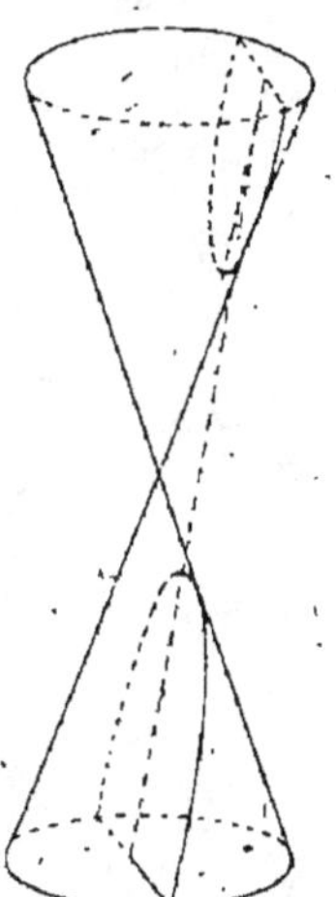

Le plan sécant coupe les deux nappes du cône : la section est une *hyperbole.*

nent autour de *leur centre de gravité commun,* mais si l'un d'eux, comme le Soleil a une masse considérable par rapport à l'autre, le centre de gravité se trouve *très près* du centre de la masse prépondérante.

La théorie indique que, suivant les circonstances

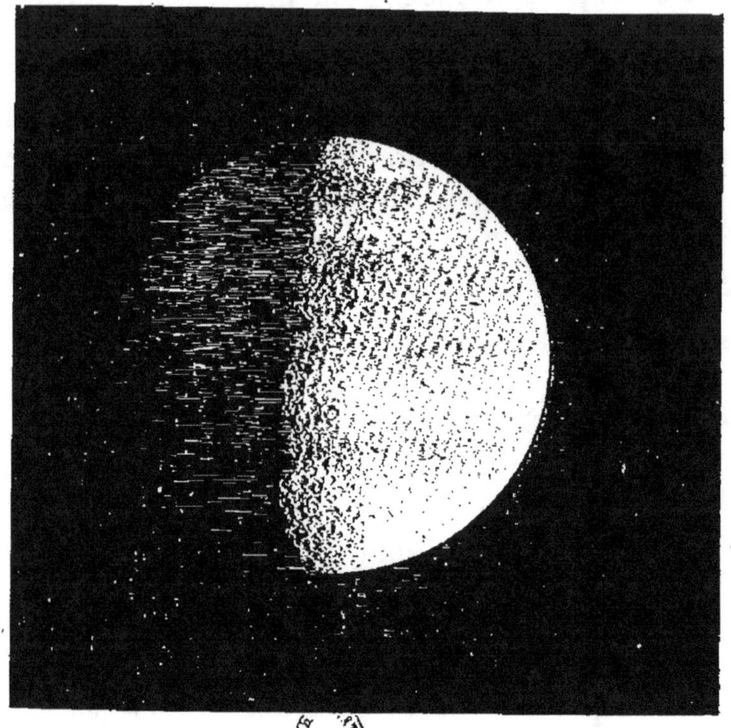

LA LUNE AU PREMIER QUARTIER.
(*D'après une photographie de l'Observatoire de Lyck.*)

initiales, l'orbite relative peut être une *section conique* quelconque, *ellipse, parabole, hyperbole*
(fig. 51). Les planètes nous donnent des exemples
d'ellipses, certaines comètes suivent des arcs de
paraboles, ou même d'hyperboles.

PERTURBA-TIONS — La loi de Newton entraîne une importante conséquence.

Chaque planète est attirée par le Soleil; mais
elle subit également l'attraction de toutes les autres
planètes. Son orbite n'est plus alors *rigoureusement* l'ellipse de Képler qui correspond — on le
démontre — à l'existence d'un *astre central
accompagné d'une seule planète.*

Pourtant, les masses des planètes sont excessivement faibles par rapport à celle du soleil, dont
elles n'atteignent pas, dans leur ensemble, la
700e partie. Et comme les distances des planètes
entre elles ne deviennent jamais très petites, il
s'ensuit que leurs influences mutuelles sont très
faibles et les écartent très peu de l'orbite elliptique
que leur impose l'attraction solaire.

L'action solaire est prédo-
minante et les planètes suivent
en réalité une sorte de route
festonnée très voisine d'une
ellipse (fig. 52).

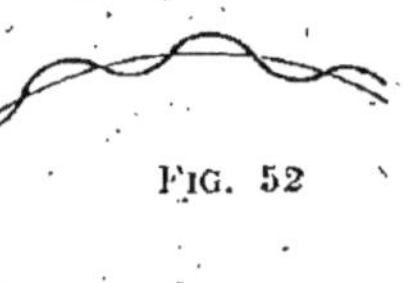

FIG. 52

Les écarts entre les positions vraies des planètes

stituer à la formule de Newton une loi plus com-
pliquée, mais qui ne s'écarte de celle-là, pratiquement, que si le *mouvement de translation de
la planète est très rapide* et que *l'excentricité de
son orbite est grande;* or, ces particularités carac-
térisent Mercure. La loi nouvelle appliquée à son
cas fait disparaître le désaccord de 40″; elle a
laissé prévoir par ailleurs des phénomènes physiques que les expériences ont vérifiés et qui lui
confèrent un grand poids. Mais on ne saurait trop
affirmer que, pour les besoins de l'astronomie,
la loi si simple de Newton donne la clef des
apparences et qu'elle est la base solide sur laquelle
longtemps encore on pourra édifier.

CHAPITRE VI

MONOGRAPHIE DES PLANÈTES

En suivant l'ordre de leur distance croissante au Soleil, les *planètes principales* sont :

Mercure, Vénus, la Terre, Mars, Jupiter, Saturne, Uranus et Neptune.

Les deux premières sont dites *planètes inférieures* (par rapport à la Terre) ; les cinq dernières, *planètes supérieures*.

Le tableau suivant fournit pour les planètes principales les durées de leur révolution autour du Soleil, la grandeur de leurs orbites, leurs masses et

le nombre de leurs satellites actuellement découverts.

	DURÉE des révolutions	DISTANCES AU SOLEIL		MASSES par rapport de la Terre	NOMBRE de satellites
		celle de la Terre prise par unité	en millions de kilom.		
Mercure	88 jours	0,4	58	0,1	0
Vénus	225 jours	0,7	108	0,8	0
La Terre	1 an	1,0	149	1,0	1
Mars	1 an 322 jours	1,5	227	0,1	2
Jupiter	11 ans 315 jours	5,2	776	318,3	9
Saturne	29 ans 167 jours	9,5	1.423	95,2	10 et des anneaux
Uranus	84 ans 7 jours	19,2	2.861	14,6	4
Neptune	164 ans 280 jours	30,1	4.483	17,3	1

Masse du Soleil par rapport à la Terre: 333.432

Grosseur comparée des planètes

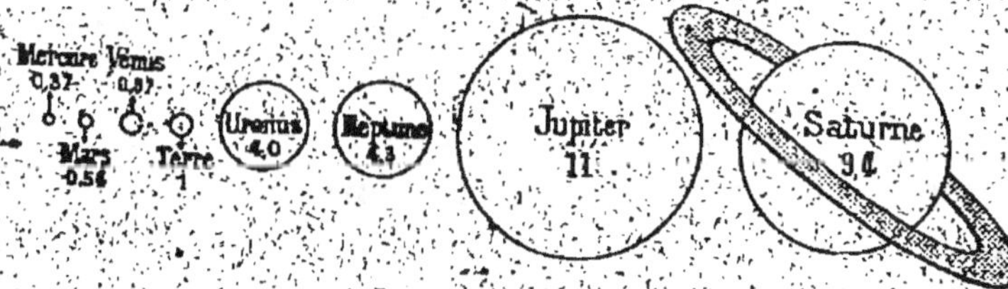

FIG. 53

MERCURE — Ainsi que la Lune, les planètes ne sont
visibles que par la lumière qu'elles reçoivent du
Soleil et réfléchissent vers nous. Il s'ensuit pour
Mercure des variations d'éclat et l'aspect de la

planète nous présente des *phases* (fig. 54) ; elle est
d'ailleurs difficile à découvrir à l'œil nu à cause
de sa proximité du Soleil et brille peu d'instants
avant le début ou après la fin du jour. Vue de la
Terre, la planète ne peut s'éloigner angulairement
du Soleil de plus de 23° (fig. 55).

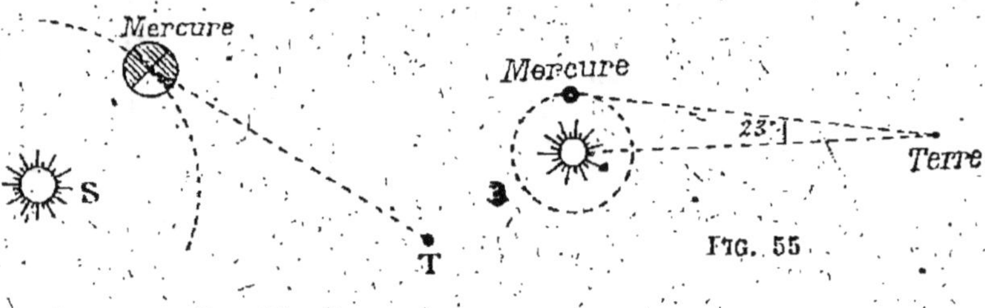

Mercure ne semble pas entouré d'atmosphère
appréciable. La durée de sa rotation sur lui-même
est difficile à préciser, car sa surface présente peu
d'accidents pouvant servir de repère. Les plus
récentes observations fixent une durée de 24 heures.
Plusieurs astronomes pourtant ont pensé que la
planète tourne toujours la même face vers le Soleil;
la durée de rotation serait alors de 88 jours.

VENUS   Vénus, comme Mercure, présente des
phases. Elle apparaît très éclatante, tantôt le matin, tantôt le soir, suivant que, sur sa trajectoire,
elle se trouve, vue de la Terre, à l'ouest ou à l'est

du Soleil (fig. 56). Sa distance angulaire au Soleil, pour nous, ne dépasse pas 40°. L'atmosphère de Vénus, à la différence de Mercure, est très dense — sensiblement deux fois plus dense que la nôtre.

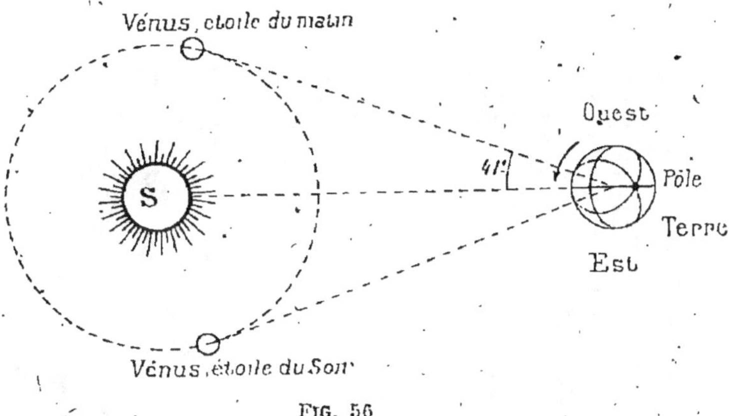

FIG. 56

C'est la comparaison des réfractions de la lumière à travers l'atmosphère de Vénus et l'atmosphère terrestre qui l'a révélé.

Pour les mêmes raisons qui s'appliquent à Mercure, la durée de rotation de la planète est encore mal connue. On a donné les deux nombres de 24 heures environ ou de 225 jours. Dans ce dernier cas, l'astre présenterait toujours la même face au Soleil.

Tout récemment pourtant un observateur américain, W. II. Pickering, a cru pouvoir conclure

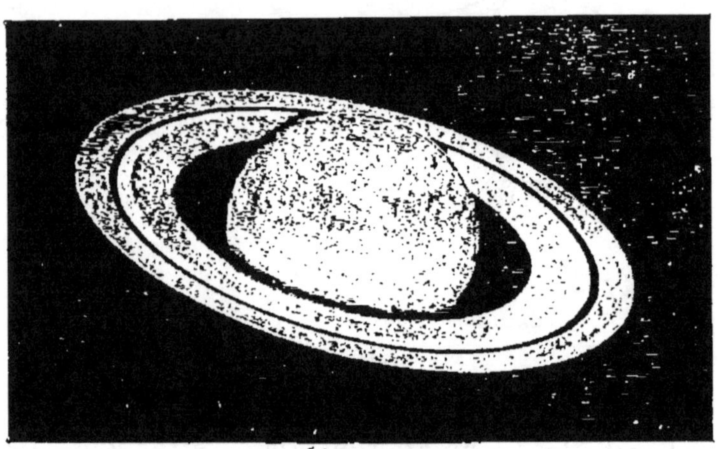

SATURNE ET SES ANNEAUX
(7 juillet 1898.)

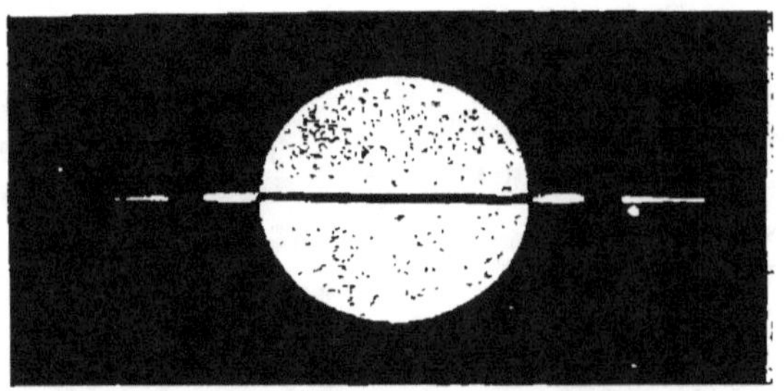
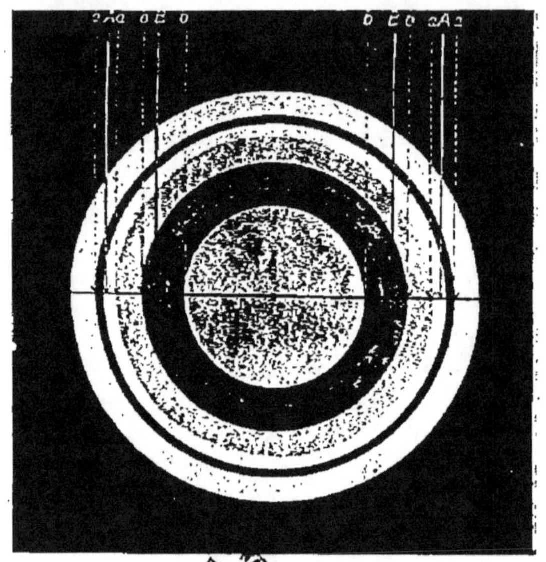

DIAGRAMME DE LA PLANÈTE SATURNE ET DE SES ANNEAUX.

A, B, B, A : centres de condensations,
a, a; b, b; b, b; a, a : limites de condensations.

de l'examen de certains détails de la surface à une durée de rotation de 68 heures.

MARS — La planète n'offre que des phases peu sensibles. Son disque présente des taches permettant une détermination précise de sa durée de rotation qui est de 24 h. 37 m., 4. Le plan de l'orbite de Mars a sur son équateur une inclinaison de 66°, sensiblement plus grande que celle de l'écliptique sur notre équateur (23°,5). D'autre part l'ellipse que Mars décrit autour du Soleil est plus excentrique — plus aplatie — que l'ellipse terrestre. Il en résulte que l'inégalité des jours et des nuits d'une part, de la longueur des saisons de l'autre, se trouve plus prononcée sur Mars que sur la Terre.

La planète est entourée d'une atmosphère de faible densité, peu chargée de vapeur d'eau. L'observation a montré, vers les régions polaires de Mars, des calottes blanchâtres, attribuées à la présence de glaces et de neiges; leurs dimensions varient, en effet, suivant les saisons de la planète; elles diminuent de surface vers l'été martien de l'hémisphère observé.

Par suite de la fonte progressive des neiges, elles disparaissent ainsi jusqu'au 87ᵉ degré de latitude. On a pu prouver par la nature de la lumière réfléchie, que la bordure de la calotte polaire est alors un liquide constitué par l'eau de fusion.

La surface de Mars se partage en plages foncées et claires. A l'œil nu, elle apparaît nettement rougeâtre.

Quelques astronomes ont cru voir au télescope sur la surface de Mars, des traces sombres, *rectilignes*, parfois doubles, apparaissant périodiquement, telles des bandes d'intense végétation et qu'ils ont appelées les *canaux de Mars*. Ce seraient des plaines fertilisées par des canaux d'irrigation, dont le tracé géométrique régulier manifesterait l'activité intelligente d'habitants martiens.

Pourtant l'existence objective des canaux est loin de s'imposer à tous les observateurs.

SATELLITES   Mars a deux satellites : l'un présente cette particularité unique dans le système solaire que la durée de sa révolution est plus courte que la durée de rotation de la planète sur elle-même. Ces satellites, minuscules, ont été découverts en 1877 ; leurs diamètres atteignent approximativement 58 kilomètres et 16 kilomètres.

LES PETITES PLANÈTES   Entre Mars et Jupiter se trouve une couronne de corpuscules, invisibles à l'œil nu, circulant autour du Soleil ; on en connaît aujourd'hui plus de 700. Le premier d'entre eux fut découvert le 1ᵉʳ janvier 1801. Les plus petits n'ont que quelques kilomètres de diamètre, les plus gros moins de 350 kilomètres. L'étude, faite par Leverrier, des perturbations que ces astéroïdes peuvent exercer sur certains éléments de l'orbite de Mars a montré que la masse totale de toutes les petites planètes, découvertes ou à découvrir, ne pouvait dépasser le quart de la masse de la Terre.

En réalité, la somme des masses des petites planètes connues est fort loin d'atteindre une telle limite ; elle est à peu près mille fois plus faible.

C'est l'emploi de la photographie qui a permis de multiplier considérablement les découvertes des petites planètes. En vertu de leurs mouvements orbitaux, les taches lumineuses qu'elles impriment sur la plaque photographique auront progressivement des positions différentes par rapport aux étoiles fixes de la région avoisinante ; ce sont ces déplacements qui permettent de distinguer une planète d'une étoile puis de calculer les éléments de son orbite.

JUPITER C'est la planète géante du système solaire. Son diamètre est onze fois plus grand que celui de la Terre. Les détails caractéristiques de sa surface ont permis de mesurer la durée de sa rotation sur elle-même ; elle est très rapide, 9 h. 55 m.; c'est dire que la vitesse en un point de la surface est vingt-huit fois plus grande que sur la Terre. La planète présente, dans la direction de son équateur, deux larges bandes sombres, parallèles, séparées par une plage brillante; sur le bord inférieur de la bande la plus australe on remarque une grande *tache rouge brun* de forme ovale dont la position, par rapport à la planète, est presque invariable. On pense que Jupiter est entouré d'une atmosphère très dense, tenant en suspension des masses qui sont à différents degrés de condensation.

SATELLITES — Galilée (1564-1642) braquant en 1610 sa lunette sur Jupiter, découvrit du même coup les quatre plus gros satellites de la planète. Depuis vingt-cinq ans on en a décelé un tout proche de la planète et quatre autres fort éloignés, révélés par la photographie. Le plus éloigné présente cette particularité d'avoir un mouvement de révolution dans le sens rétrograde alors que presque tous les déplacements du système solaire s'effectuent dans le sens direct. Les quatre premiers satellites donnent lieu à de curieux phénomènes. Ils se meuvent dans des plans se confondant presque avec celui de l'orbite de Jupiter; ils peuvent donc pénétrer dans le cône d'ombre allongé que Jupiter, éclairé par le Soleil, projette derrière soï : il y a alors *éclipse* (posit. 1, fig. 57) du satellite. Ou bien le satellite peut s'interposer.

entre l'observateur terrestre T et le disque de la planète : c'est un *passage* (position 2) ; ou bien encore le satellite peut être caché par Jupiter : c'est une *occultation* (position 3). Enfin on peut observer le passage de l'ombre d'un satellite sur la

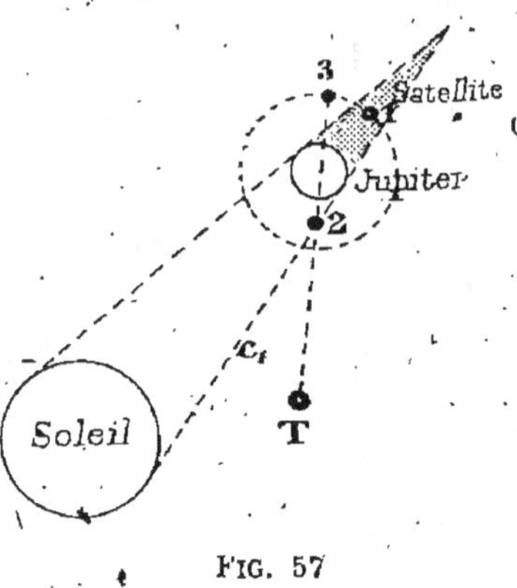

FIG. 57

surface de Jupiter; cette ombre forme une tache noire prouvant que la planète n'est pas lumineuse par elle-même. Ces phénomènes se reproduisent à *chaque révolution* pour les trois premiers satellites.

VITESSE DE LA LUMIÈRE — Ce sont les éclipses des satellites de Jupiter qui ont permis la première détermination de la vitesse de propagation de la lumière; elle fut exécutée par l'astronome danois Rœmer (1644-1710). On sait le temps qui sépare deux immersions consécutives d'un satellite dans le cône d'ombre de Jupiter. On note le moment d'une immersion en E_1 (fig. 58), quand la Terre se trouve au point T_1 de son orbite. Un peu moins de six mois plus tard, la Terre se trouvant en T_2,

on note à nouveau le moment d'une immersion E_2.
On sait combien de fois le satellite a fait le tour
de la planète entre les deux observations et on a

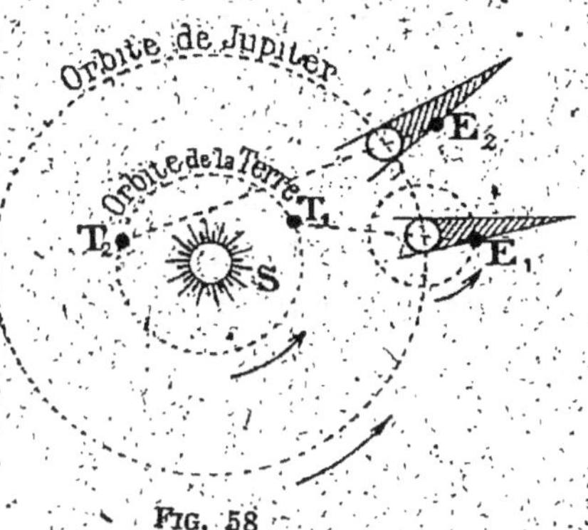

Fig. 58

donc pu prévoir le temps qui s'est écoulé entre l'instant de l'immersion E_1 et celui de l'immersion E_2.
Or il se fait que l'instant observé du deuxième
phénomène est postérieur à l'époque ainsi cal-
culée : c'est que la lumière a dû parcourir, jusqu'à l'observateur, la distance E_2T_2, dépassant la
distance E_1T_1 de la longueur approximative du
diamètre de l'orbite terrestre. Ce diamètre étant
connu, on en déduira la vitesse de propagation de
la lumière. Elle est de 300.000 kilomètres par
seconde. Il faut par suite 497 secondes à la lumière
du Soleil pour parvenir jusqu'à nous. Depuis, des
mesures faites à la surface de la Terre par des
procédés où n'interviennent pas de phénomènes

astronomiques, ont confirmé ce nombre de 300.000 kilomètres à la seconde.

SATURNE — Saturne est l'un des objets les plus curieux du ciel. Son disque est entouré de plusieurs anneaux, sensiblement concentriques, de très faible épaisseur. Leur inclinaison, variable par rapport à notre ligne de visée, en fait voir tantôt une face, tantôt l'autre; à certaines époques où ils se présentent à nous par la tranche, ils deviennent presque invisibles, se révélant seulement par une ligne d'ombre très déliée qu'ils portent sur le disque de Saturne. Ces apparences se reproduisent tous les quinze ans. Les anneaux, pas plus que la planète, n'émettent de lumière propre. L'aspect de Saturne laisse penser qu'il est entouré d'une atmosphère d'assez forte densité. La planète tourne sur elle-même en 10 h. 13 m. environ.

ANNEAUX ET SATELLITES — Deux anneaux brillants distincts, opaques, sont visibles, séparés par un espace appelé *division de Cassini*; un troisième anneau sombre, nébuleux, transparent, est plus proche de la planète. Les anneaux doivent être constitués par des corpuscules solides, discontinus, circulant en essaim autour de Saturne, tels une multitude de satellites; leur vitesse de déplacement doit alors être plus grande au bord intérieur des anneaux (car l'attraction due à la planète est plus forte) qu'au bord extérieur. C'est en effet ce que révèle l'analyse-spectrale. De plus, les orbites sont des ellipses dont Saturne occupe un foyer et les anneaux, par suite, ne sont plus exactement centrés sur la planète, ainsi que le manifeste l'observation.

Les satellites de Saturne, au nombre de dix, sont presque tous disposés dans le plan des anneaux. Deux d'entre eux, très faibles, découverts photographiquement, ont une orbite sensiblement inclinée (13°) sur l'équateur de la planète et circulent dans le sens rétrograde. Comme les compagnons de Jupiter, les satellites de Saturne peuvent être éclipsés, occultés, ou passer devant le disque de la planète.

URANUS   Uranus apparaît comme une étoile de 6ᵉ ou 7ᵉ grandeur, invisible à l'œil nu. Elle présente le seul exemple connu d'une planète tournant sur elle-même dans le *sens rétrograde*. La durée de sa rotation, fixée avec peu de certitude, est de dix heures environ.

SATELLITES   Le monde d'Uranus se compose de quatre satellites. Tous quatre se déplacent sensiblement dans un même plan qui fait, avec

JUPITER, d'après un dessin de W. DE LA RUE,
le 25 octobre 1856.

celui de l'orbite de la planète, un angle un peu supérieur à 90°.

NEPTUNE   On a vu, au chap. V, quelles furent les circonstances de la découverte de Neptune. La planète est trop éloignée de nous pour qu'on puisse apercevoir des détails de sa surface. Elle apparaît comme une étoile de 8ᵉ grandeur environ. On ne connaît à Neptune qu'un seul satellite, circulant dans le sens rétrograde.

CHAPITRE VII

COMÈTES ET MÉTÉORES

Les Comètes

　　La plupart des comètes découvertes ne sont visibles qu'au télescope. Une dizaine à peine d'entre elles ont pu être observées à l'œil nu. L'aspect de ces astres est caractéristique, bien qu'une même comète présente des apparences très variables suivant sa distance au Soleil. Quand elle est voisine de lui, on distingue un *noyau* brillant où se trouve concentrée la masse de l'astre et qui est constituée sans doute par une agglomération de corpuscules très voisins les uns des autres. Une sorte de nébulosité dont l'éclat diminue quand l'astre s'approche du Soleil, entoure le noyau : c'est la *chevelure*. L'ensemble du noyau et de la chevelure constitue la *tête*. Enfin une *queue*, — quelquefois plusieurs — pouvant atteindre des dimensions considérables, s'étend en général à l'opposé du Soleil. Elle provient de matière ténue expulsée du noyau sous l'influence solaire. La fig. 59 donne, schématiquement, l'aspect d'une comète.

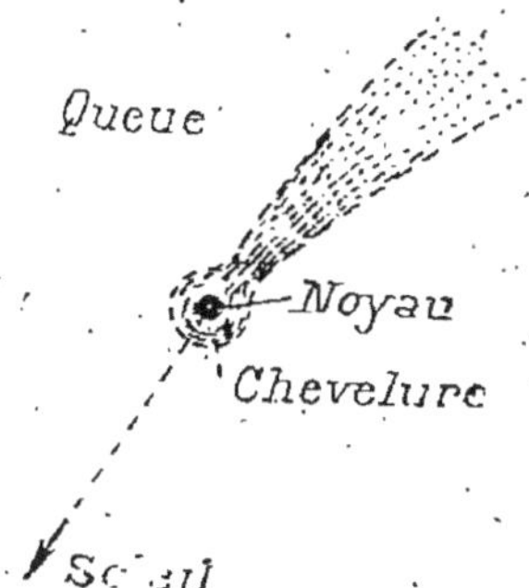

Fig. 59

Mais quand une comète — alors de luminosité très faible — a été découverte fort loin du Soleil au moyen de puissantes lunettes, on assiste aux transformations suivantes. Elle apparaît d'abord ronde, comme une planète, formée d'un noyau brillant entouré de nébulosité. Puis la comète s'approchant du Soleil, le noyau se déforme. La matière qui le constitue, moins dense que celui des planètes, est le siège de troubles violents dus à l'attraction de l'astre central. Ensuite apparaît la queue. Elle est constituée par un milieu très raréfié, car on ne cesse de voir les étoiles devant qui elle passe, sans affaiblissement de leur éclat et sans trace de réfraction de la lumière.

La plupart des queues s'étendent à l'opposé du Soleil (fig. 60). Une telle direction manifeste l'existence d'une force répulsive émanant de l'astre central. Trois hypothèses ont été avancées pour expliquer cette répulsion.

Elle pourrait provenir d'une pression exercée par la lumière. Cette *pression de radiation*, reconnue par les physiciens, est proportionnelle à la grandeur des surfaces que frappent les rayons lumineux; la *force de gravitation*, au contraire, est proportionnelle aux masses. Pour des particules de *très faible densité*, la force répulsive peut l'emporter sur l'attraction et chasser les queues

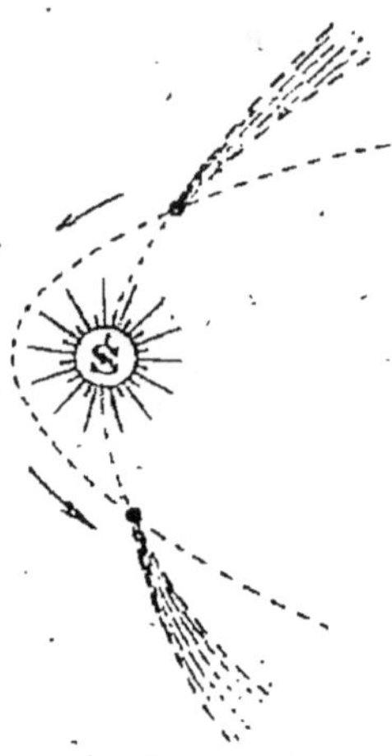

FIG. 60

cométaires loin du soleil. Au contraire, les queues dirigées vers le soleil, qu'on observe dans quelques cas, seraient constituées par une matière plus dense, plus sensible à l'attraction gravitationnelle qu'à la répulsion lumineuse.

La direction générale des queues pourrait être due encore à une action électrique, ou enfin à un bombardement de corpuscules violemment chassés du Soleil. La question, à l'heure actuelle, n'est pas élucidée. Il est possible que chacune des trois causes concoure au phénomène.

SPECTRE DES COMÈTES

La lumière émise par les comètes donne naissance à un faible spectre continu, sillonné toujours par trois raies brillantes, jaune, verte et bleue, révélant la présence d'hydrocarbures. Le spectre continu des comètes très brillantes est assez intense pour laisser voir les raies sombres du spectre solaire; il en résulte qu'une partie de l'éclat des comètes provient de la lumière solaire réfléchie.

ORBITES

A l'encontre des planètes dont le système offre, par la forme et la situation des orbites, une très grande régularité, les comètes se meuvent sur des routes fort différentes du cercle; de plus, les plans de leurs orbites ont des inclinaisont très variées sur l'écliptique.

Les comètes décrivent, suivant la loi des aires, des coniques dont le Soleil occupe un foyer. Elles ne deviennent visibles que dans la portion ACB de leur course où elles se trouvent dans le voisinage du Soleil (fig. 61). Une portion d'ellipse très allongée, de parabole ou d'hyperbole, peut souvent, en première approximation, s'identifier

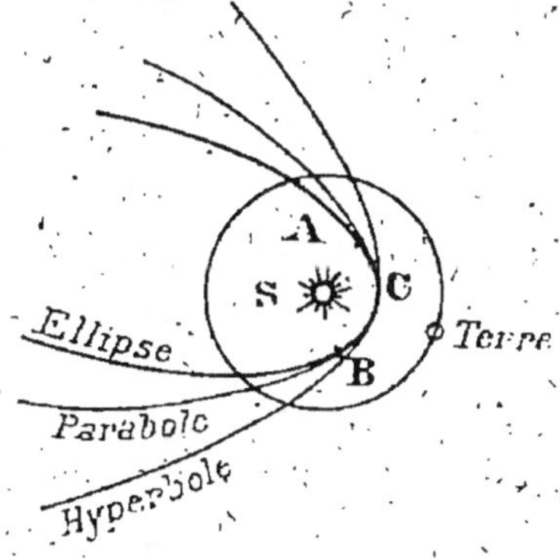

FIG. 61

indistinctement avec cet élément restreint de la trajectoire. Il faut des observations précises et des calculs minutieux pour décider de la courbe qui représente exactement la route suivie par la comète. Une ellipse, courbe fermée, caractérise une comète périodique dont on peut prévoir le retour. L'aspect d'une comète étant extrêmement variable et changeant, on ne peut *reconnaître* une comète déjà observée que par la comparaison des orbites calculées aux deux apparitions successives. La parabole, cas limite entre l'ellipse et l'hyperbole, n'est généralement que la représentation plus simple et suffisante de l'ellipse excessivement allongée que suit une comète à très longue période et dont on ne connaît encore qu'une apparition. Seule une forme hyperbolique nettement marquée indiquerait un astre venu des profondeurs de l'espace, pénétrant pour un temps dans le système solaire et l'abandonnant ensuite sans retour. Une telle comète ne serait pas apparentée au Soleil.

Sans doute l'observation a révélé quelques orbites hyperboliques, mais on a pu calculer pour chacune de celles-ci — en remontant dans le passé ou en traçant leur route dans l'avenir — que la forme actuelle de leurs orbites était due seulement aux perturbations exercées par les grosses planètes ; l'arc d'hyperbole observé représente un chemin *momentané, partiel,* l'ellipse se rétablissant dans les parties plus lointaines de l'orbite.

Toutes les comètes actuellement connues font donc partie du système solaire ; leurs orbites ne se différencient, au point de vue de la forme, que par la longueur du grand axe et, par suite, par la durée de la période. Telle comète achève sa révolution autour du Soleil en trois ans environ, telle autre en plusieurs milliers d'années. Les retours d'une vingtaine seulement de comètes périodiques ont été observés ; de celles-ci la plus rapide, la comète de Encke, parcourt son orbite en trois ans 3/10 ; la plus lente, la célèbre comète de Halley, en soixante-seize ans 1/10 ; le mouvement de ces comètes périodiques, à l'exception de celle de Halley, a lieu dans le sens direct. La comète de Encke s'approche plus du Soleil que Mercure et s'en éloigne moins que Jupiter.

DIMENSIONS MASSES — Une fois connue la distance d'une comète à la Terre à un moment donné on peut déduire la grandeur réelle de l'astre de sa grandeur apparente. La tête peut atteindre le diamètre du Soleil, alors que le noyau demeure très petit, de dimension analogue à celle de la Terre. Les queues gagnent en éclat et en développement à mesure que la comète se rapproche du Soleil. Telle queue, comme celle de la comète de 1843, surpassait en longueur la distance de la Terre au Soleil.

Mais les masses des comètes sont extrêmement petites. Comme leurs dimensions sont considérables, leurs densités moyennes apparaissent très faibles, de l'ordre du 10.000^e de celle de l'air.

Les masses des comètes sont infiniment plus faibles que celles des planètes. Certaines comètes se sont approchées fort près des planètes. La comète de Brooks, découverte en 1889, avait, en 1886, comme le calcul l'indiqua, presque rasé la surface de Jupiter. L'allure de l'orbite cométaire fut fortement influencée par ce rapprochement puisque la période fut réduite de vingt-sept années à sept ans. Mais *aucune perturbation* ne se manifesta dans le mouvement de Jupiter et de ses satellites tant la masse d'une comète est d'une extrême petitesse.

FAMILLES DE COMÈTES
Diverses comètes présentent entre elles d'une part et avec quelques planètes de l'autre des liens assez étroits : elles constituent des *familles de comètes*.

Les comètes de 1843, 1880, 1882 décrivirent à peu près la même orbite et présentèrent des aspects analogues; peut-être provenaient-elles d'une importante comète qui s'est désagrégée sous l'influence solaire.

Les familles de comètes dites famille de *Jupiter*, de *Saturne*, d'*Uranus*, de *Neptune*, sont constituées par des comètes qui, à leur plus grande distance du Soleil, à leur aphélie, sont très voisines des orbites de ces diverses planètes.

FAMILLE DE JUPITER — La famille de Jupiter constitue un groupe important. Douze comètes périodiques ont des distances aphélies comprises entre quatre et six fois le rayon de l'orbite terrestre alors que le rayon de l'orbite de Jupiter vaut cinq fois cette unité. Les périodes varient de trois à huit ans.

FAMILLE DE SATURNE — Elle comprend deux comètes, dont la comète de *Tuttle*, de distances aphélies 9,4 et 10,5 ; la distance moyenne de la planète est 9,5.

FAMILLE D'URANUS — Trois orbites s'y rattachent, dont l'une est celle des météores qui sillonnent périodiquement le ciel vers le 13 novembre ; les distances aphélies sont voisines de 19.

FAMILLE DE NEPTUNE. COMÈTE DE HALLEY — Six comètes constituent cette famille, de distance aphélie voisine de 30 ; parmi elles figure la célèbre comète de *Halley*.

Halley calcula les éléments paraboliques d'une comète qui avait été observée en

1682. Il reconnut qu'ils ressemblaient beaucoup à ceux de deux comètes apparues en 1531 et en 1607. Il conclut que l'orbite réelle devait être une ellipse très allongée (fig. 62) et qu'il avait affaire à trois apparitions successives d'une comète périodique. Depuis lors les retours de l'astre furent régulièrement observés en 1759, 1835 et 1910.

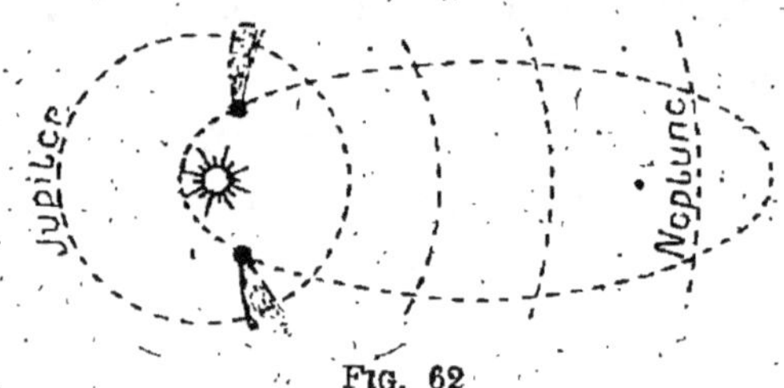

FIG. 62

La comète peut s'approcher du Soleil plus que Vénus et s'en éloigner plus que Neptune. Son mouvement est rétrograde.

Distance périhélie : 0,68 (la distance du Soleil à la Terre est prise pour unité).

Distance aphélie : 35,22 (la distance du Soleil à la Terre est prise pour unité).

Excentricité de l'orbite : 0,96.

Durée de la révolution : soixante-seize ans.

CAPTURE DES COMÈTES Les groupements remarquables qui viennent d'être signalés manifestent l'influence des planètes sur les comètes qui les ont approchées. Si le mouvement cométaire est accéléré par l'action de la planète, l'orbite *s'ouvrira* et pourra même passer de l'ellipse à l'hyperbole; inversement une action retardatrice diminuera l'excentricité de l'ellipse suivie par la comète. On peut citer des transformations profondes apportées par Jupiter dans la marche de certaines comètes. Ainsi la comète de *Brooks*, dont la période passa de vingt-sept ans à sept ans, fut *capturée* par Jupiter. Au contraire celle de *Lexell*, dont l'apparition de 1770 permit de conclure à une période de cinq ans et demi, n'a plus été revue depuis.

DÉSAGRÉGATION DES COMÈTES   Il arrive que des comètes, passant dans le voisinage du Soleil, se segmentent sous l'action calorifique intense qu'elles subissent. La comète de *Biéla*, découverte en 1772, avait une période de six ans 7/10; au retour de 1846 elle s'était divisée en deux noyaux se suivant de très près sur la même orbite, et elle présenta le même aspect en 1852. Depuis, elle n'a pas été revue. Les deux fragments eux-mêmes se sont désagrégés en d'innombrables corpuscules qui ont donné naissance aux chutes abondantes d'étoiles filantes de 1872 et de 1885.

La matière expulsée des comètes par le Soleil est l'origine probable de certains courants météoriques dont il va être question.

MÉTÉORES OU ÉTOILES FILANTES — Presque chaque nuit, quand le ciel est serein, on voit apparaître soudainement des points éclatants ayant l'aspect d'une étoile ; ils se déplacent rapidement et cessent de luire au bout d'une seconde ou deux, laissant dans l'œil l'impression d'une traînée lumineuse : ce sont les *étoiles filantes*. A certaines époques de l'année, et périodiquement, les étoiles filantes sont particulièrement nombreuses. Deux observateurs A et B postés aux extrémités d'une base d'une cinquantaine de kilomètres, les visant simultanément, peuvent les situer dans l'espace (fig. 63). On a calculé ainsi que les points d'apparition se trouvent dans l'atmosphère terrestre, à une altitude moyenne de 120 kilomètres, et que les points d'extinction sont à 80 kilomètres de hauteur environ. La vitesse moyenne de déplacement des étoiles filantes est de 40 kilomètres à la seconde.

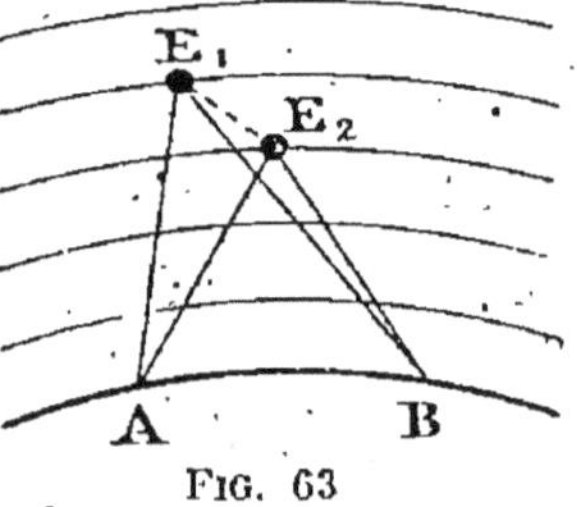

Fig. 63

ORIGINE DES ÉTOILES FILANTES — Du 19 au 30 avril, du 9 au 11 août (courant des Perséides), du 13 au 14 novembre (courant des Léonides), et le 27 novembre, les apparitions de météores sont remarquablement nombreuses. On a été conduit à penser que des courants de matière météorique circulent en anneaux elliptiques autour du Soleil et que, chaque année, nous coupons ces trajectoires (fig.64). Quand les corpuscules en mouvement rencontrent notre atmosphère, ils s'y échauffent par frottement et sont portés à l'incandescence. Ils se volatilisent en général complètement et donnent

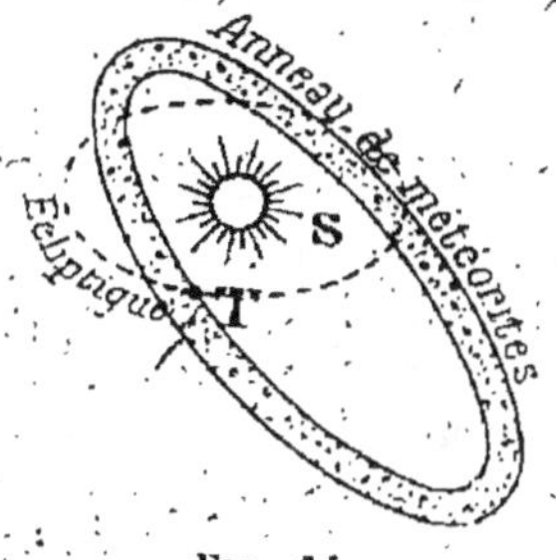

Fig. 64

naissance aux *étoiles filantes* d'apparition fugitive.

BOLIDES OU AÉROLITHES   Mais certains corpuscules peuvent rencontrer le sol avant de s'être consumés : ce sont les *bolides* ou *aérolithes* (pierres du ciel). On en a recueilli des échantillons qui pèsent depuis quelques grammes jusqu'à plusieurs centaines de kilogrammes. Ces météorites sont métalliques ou rocheux. Les météorites métalliques contiennent 80 % de fer, additionné de nickel et de chrome. Les météorites rocheux ont une composition qui rappelle celle des laves de volcan, avec quelques parcelles de fer.

TRAJECTOIRES   Chaque année la Terre traverse à nouveau le courant de météorites, sans que ce soient d'ailleurs les *mêmes particules* matérielles que nous rencontrions, car la période de circulation des météorites n'est pas d'une année. On a pu, pour certains courants, fixer la durée approximative de la révolution. La densité des corpuscules n'est pas la même en effet tout le long de l'anneau. Si la terre traverse une région où la matière est plus fortement condensée, la *pluie* des étoiles filantes sera très abondante. Or, pour l'essaim des *Léonides* (13-14 novembre), par exemple, le nombre de météores apparus passe par un maximum tous les trente-trois ans environ; c'est la durée de révolution de l'essaim.

Les chutes de météores furent particulièrement nombreuses en 1799, en 1833 et en 1866; le phénomène fut moins marqué en 1899. Si l'on a reconnu le point du ciel d'où semblent émaner les météores (point radiant) et qu'on connaisse la période de l'essaim, la théorie enseigne à calculer l'orbite. Les essaims suivent des trajectoires elliptiques allongées dont le Soleil occupe un foyer.

LIEN AVEC LES COMÈTES — On s'est demandé si l'origine des courants météoriques ne pourrait se trouver dans la désagrégation des comètes qui, ainsi qu'on l'a vu, subissent au voisinage de leur périhélie une puissante influence dissipatrice par le fait de la chaleur solaire. Il est remarquable qu'un certain nombre de courants météoriques suivent le même orbite que certaines comètes disparues.

Le courant des *Perséides* circule sur l'orbite de la comète de *Tuttle* découverte en 1862, celui des *Léonides* sur l'orbite de la comète *Tempel* (1866). Un essaim que nous rencontrons le 27 novembre (les *Biélides*) suit la route de la fameuse comète de *Biéla* qui se désagrégea, pour ainsi dire, sous les yeux des observateurs.

LUMIÈRE ZODIACALE   Une faible lueur blanchâtre, dite *lumière zodiacale*, s'étendant au voisinage du plan de l'écliptique jusqu'à 50° du Soleil, apparaît parfois après le crépuscule ou avant l'aurore. Elle est difficilement visible sous nos latitudes mais généralement observable dans les régions tropicales. On l'attribue, bien que la théorie en soit incertaine, à de la poussière cosmique circulant autour du Soleil à la façon des corpuscules de l'anneau de Saturne et sur laquelle se réfléchirait la lumière solaire. Elle remplit un espace qui dépasse sans doute l'orbite terrestre.

Comète de Halley.

La lunette photographique suivant exactement le déplacement de la comète mobile dans le champ des étoiles, celles-ci impriment sur la plaque de petites traînées. On remarque que les étoiles sont visibles à travers la queue cométaire.

CHAPITRE VIII

COMMENT ON PRÉCISE UNE DIRECTION :
COORDONNÉES

COORDON-NÉES   Imaginons dans un plan fixe un centre O et une droite fixe OA qui servira d'axe d'origine. La direction dans laquelle, du point O, on voit un astre E, peut être définie par deux angles : traçons en effet sur le plan la projection Oe de la ligne de visée OE. La connaissance de l'angle AOe compté dans un sens déterminé, choisi une fois pour toutes, puis la connaissance de l'angle eOE mesuré soit au-dessus, soit au-dessous du plan — il faudra le spécifier — donnent sans ambiguïté la direction OE

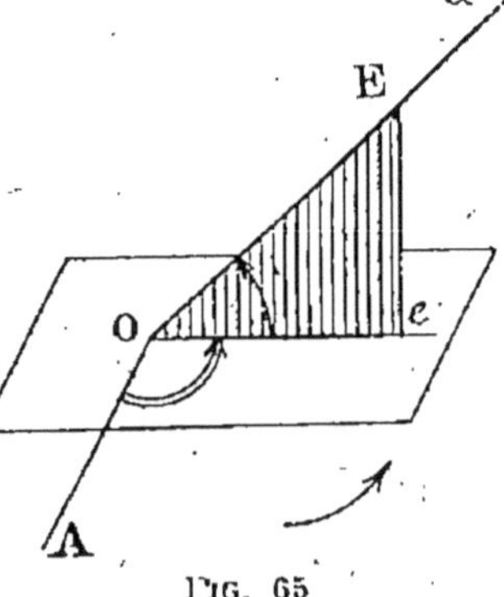

FIG. 65

9

(fig. 65). Ces deux angles s'appellent les *coordon-nées sphériques* du point E par rapport à O. Pour situer complètement E il faudrait à ces grandeurs adjoindre la longueur OE.

Suivant le plan de référence que l'on choisit, on aura évidemment pour les astres des coordonnées différentes.

AZIMUT, HAUTEUR   Si le plan choisi est le *plan de l'horizon* du lieu de l'observation l'angle AOe sera l'*azimut*, l'angle eOE la *hauteur*. Ce système est incommode, car les coordonnées d'un même astre, au même instant, diffèrent d'un lieu à l'autre de la Terre. Et en un même lieu les coordonnées d'un astre déterminé varient au cours du jour, en raison du mouvement diurne.

ASCENSION DROITE. DÉ-CLINAISON   En prenant pour plan de référence le plan de l'équateur, on obtient les *coor-données équatoriales*. L'axe d'origine OA est dirigé vers le point équinoxial du printemps. L'angle AO$ë$ (fig. 66) compté à partir de OA dans le sens *rétrograde* (sens inverse du mouve-ment diurne réel) est l'*ascension droite de l'astre* (AR). L'angle eOE est la *déclinaison* (D) qui sera *boréale* ou *australe* suivant que la direction OE se trouve dans l'hémisphère contenant le pôle nord ou l'hémisphère contenant le pôle sud.

Si l'on fait abstraction de la *précession* (p. 76) *qui ne change que très lentement l'orientation du plan de l'équateur et la direction de l'équinoxe,*

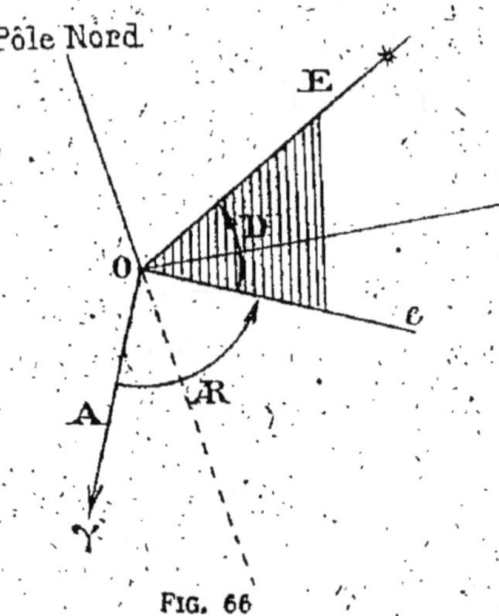

Fig. 66

on peut dire que les coordonnées équatoriales d'astres fixes dans le ciel, les étoiles, *sont cons-tantes.* De plus, elle sont indépendantes du lieu d'observation.

LONGITUDE CÉLESTE, LATITUDE CÉLESTE, Le plan de l'écliptique subit des varia-tions beaucoup plus lentes encore que celui de l'équateur. Le choisit-on pour plan fon-damental, la direction origine OA étant celle de l'équinoxe d'une certaine année, on définira de la sorte les coordonnées appelées *longitude céleste* (AOe) et *latitude céleste* (eOE).

Pratiquement, le plan de l'écliptique peut être considéré comme fixe en direction. Les *latitudes célestes* des étoiles demeurent alors constantes; leurs *longitudes célestes*, en vertu de la précession (déplacement de l'axe origine Oγ) augmentent de 50″ par an. C'est en comparant les longitudes qu'il observait à celles transmises par ses devanciers qu'Hipparque, en 128 avant J.-C., découvrit le phénomène de la précession. Newton en donna l'explication mécanique.

CHAPITRE IX

Mesure du Temps

La Terre tourne autour de la ligne des pôles *d'un mouvement uniforme.* C'est cette rotation qui nous fournit notre régulateur *fondamental* du temps. Les plans des méridiens terrestres, entraînés dans ce mouvement de l'ouest à l'est, passent successivement par chaque point du ciel. La durée écoulée entre deux passages consécutifs du méridien d'un lieu devant un point fixe du ciel est constante; c'est le *jour sidéral.* Le point choisi pour origine, afin de déterminer le temps sidéral est le point γ, point équinoxial de printemps. Sa position n'est pas, il est vrai, absolument fixe; mais sa rétrogradation *journalière,* en raison de la précession, est pratiquement négligeable et d'ailleurs elle est constante et connue.

Le temps sidéral local est donc le nombre

d'heures, minutes, secondes, etc., écoulées depuis
le passage du méridien d'un lieu par le point ɣ.
Ce temps se compte de 0 h. à 24 h. Tous les
points du globe ayant même longitude, c'est-à-dire
situés sur le même méridien, ont donc à un instant donné la même heure sidérale.

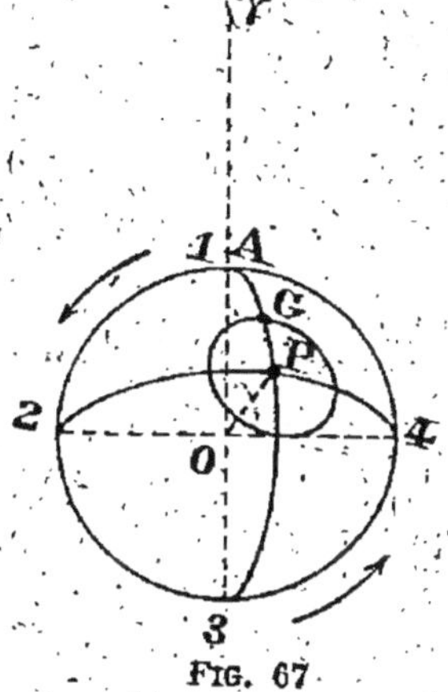

FIG. 67

Soit (fig. 67) OP l'axe de
rotation de la terre et 1, 2, 3, 4
l'équateur. Quand le méridien PA du point G occupe
la position 1 et qu'il contient le point ɣ, il est 0 h. sidérale en G. Lorsqu'en vertu
du mouvement diurne le méridien occupera la position 2,
il sera 6 h. sidérales en G;
dans la position 3, il sera
12 h. sidérales, etc.

Les astronomes seuls font usage du temps sidéral qu'ils déduisent directement de leurs observations; mais cette manière de compter le temps n'est
pas appropriée aux besoins de la vie civile, réglée
sur le Soleil.

**JOUR SO-
LAIRE VRAI**   Le *jour solaire vrai* est le temps qui
s'écoule entre deux passages consécutifs
du plan méridien d'un lieu par le centre du Soleil.
Il est *midi vrai* en un lieu quand son méridien

passe par le Soleil. C'est l'heure vraie qu'indiquent les cadrans solaires.

Le *jour solaire* est plus long que le *jour sidéral*. Représentons en effet la Terre quand il est midi vrai au point G (fig. 68), c'est-à-dire quand le plan méridien de ce lieu passe par le centre du Soleil, (position (I) de la Terre). Pendant que la Terre tourne sur elle-même elle se déplace aussi sur son orbite de O en O'. Quand le méridien PA

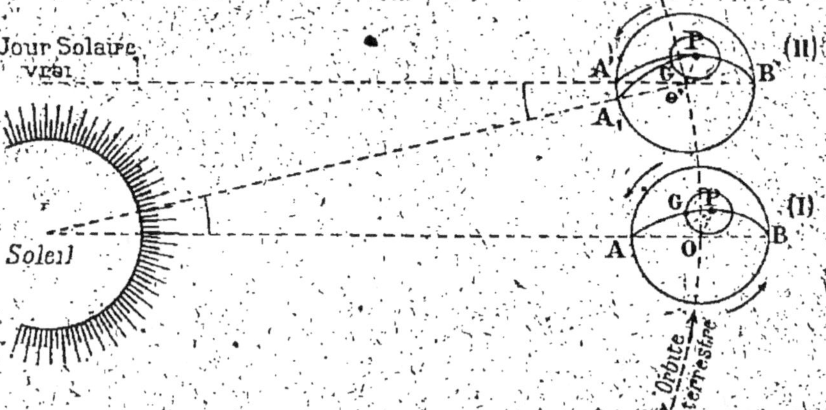

FIG. 68

occupe le lendemain la position PA', la Terre a fait un tour complet sur elle-même et un *jour sidéral* est révolu. Mais le méridien doit se déplacer encore de A' en A₁ pour qu'il rencontre le Soleil et que s'achève le *jour solaire*. Ce chemin supplémentaire correspond à la rotation d'un angle égal à O'SO. La Terre décrit un angle de 360°

'autour du Soleil en 365 jours, c'est-à-dire qu'elle décrit un peu moins de 1° par jour. Mais la Terre tournant sur elle-même de 360° en 24 heures, met 4 minutes pour tourner de 1°. *Le jour sidéral est donc plus court que le jour solaire de 4 minutes environ* (3 m. 56 s.).

INÉGALE DU-RÉE DES JOURS SO-LAIRES VRAIS

Le *jour solaire vrai* qui vient d'être défini n'est pas d'une durée constante. Les jours solaires vrais sont inégaux pour deux raisons.

a) Supposons d'abord que la Terre décrive son orbite d'un mouvement *rigoureusement uniforme*. Chaque jour l'arc A'A₁ (fig. 68, II et fig. 69) aurait même longueur, mais cer arc se trouve dans le plan de l'écliptique et l'axe de rotation OP ne lui est pas perpendiculaire; la longueur de l'arc *a'a₁* intercepté sur le plan de l'équateur variera alors au cours de l'année, suivant la position de A'A₁, c'est-à-dire suivant la situation de la Terre sur son orbite. Or c'est cet arc *a'a₁* qui mesure le *temps* à ajouter au jour sidéral constant pour obtenir le jour solaire vrai; cet appoint est donc variable et les jours solaires vrais sont

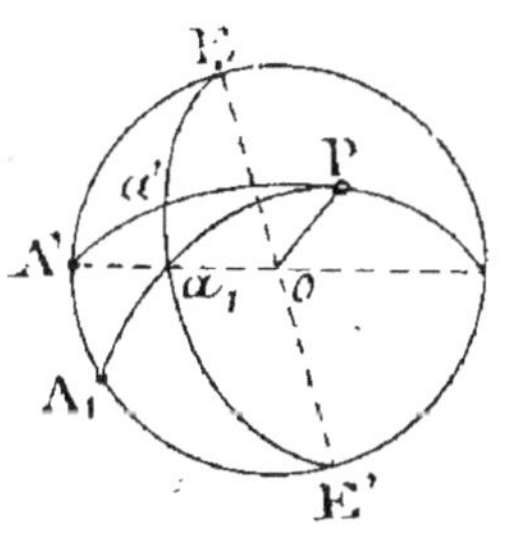

FIG. 69

inégaux du fait de l'inclinaison de l'écliptique sur l'équateur.

b) Mais, de plus, l'arc A'A₁, que nous venons de supposer constant de jour en jour dans une première approximation, est variable en réalité. La Terre se meut en effet sur une orbite elliptique avec une vitesse angulaire variable puisque son mouvement de translation autour du Soleil satisfait à la loi des aires (page 67). La route jour-nalière décrite par la Terre s'allonge en vertu de la loi des aires depuis l'époque de l'aphélie jusqu'à celle du périhélie et diminue ensuite (fig. 70).

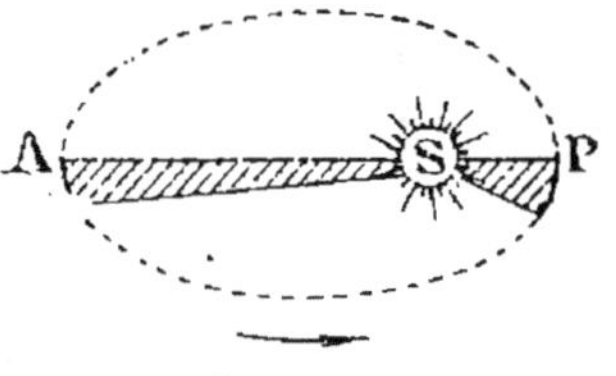

FIG. 70

C'est une seconde raison de variabilité du jour solaire vrai.

Les deux causes dont il vient d'être question se superposent, la première d'ailleurs étant pré-pondérante.

Il en résulte que la durée qui s'écoule entre deux midis vrais consécutifs est *minima vers le 16 septembre, maxima vers le 23 décembre.*

JOUR SO-LAIRE MOYEN Pour éviter les inconvénients d'un jour de durée variable, les astronomes ont ima-giné le *jour solaire moyen.* Tout en étant réglé approximativement sur le Soleil et s'adaptant donc aux besoins de la vie civile, il a l'avantage d'être d'une *durée constante*.

Pour déterminer le jour moyen, on a *fait la moyenne de la durée d'un très grand nombre de jours solaires vrais*, comptés durant plusieurs années par exemple. Cette moyenne qu'on trouve égale à *24 h. 3 m. 56 s.,55 de temps sidéral* constitue le jour solaire moyen.

Le jour moyen sera divisé en 24 heures moyennes; chaque heure en 60 minutes moyennes, chaque minute en 60 secondes moyennes. La seconde de temps moyen est *l'unité légale* de temps dans le système c. g. s. (centimètre, gramme, seconde). Il y a donc 86.400 secondes dans un jour. C'est le temps moyen que marquent nos montres et nos horloges. Le balancier d'une horloge parfaitement réglée doit donc accomplir 86.400 oscillations en un jour moyen, c'est-à-dire en *24 h. 3 m. 56 s.,55 de temps sidéral*. Le point de départ du *soleil fictif* sur lequel on peut dire qu'est réglé le jour moyen a été choisi de façon qu'il ne s'écarte jamais beaucoup du soleil vrai. L'écart entre midi moyen en un lieu et midi vrai n'excède guère un quart d'heure.

L'*origine du jour* pour les usages de la vie civile est *minuit moyen* et les heures se comptent sans interruption de 0 à 24. Les astronomes fixent à 12 heures plus tard le point de départ du jour solaire moyen qui commence pour eux à *midi moyen*.

EQUATION DU TEMPS — Le graphique suivant (fig. 71) donne, à 1 minute près, la différence entre le moment du midi moyen et celui du midi vrai; cette

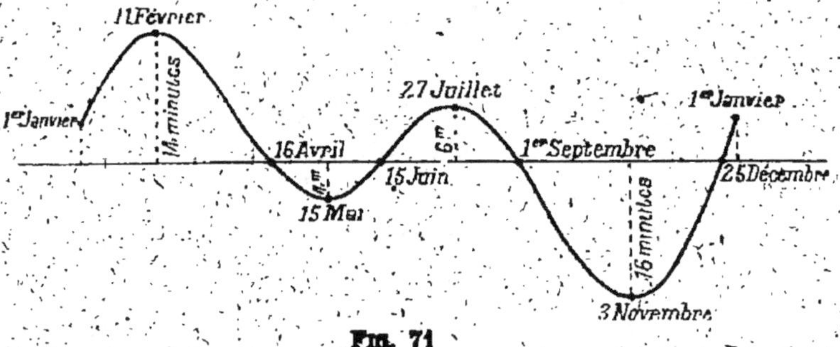

Fig. 71

différence est ce qu'on appelle l'*équation du temps*. Les points du graphique situés *au-dessus* de l'horizontale correspondent aux époques où *midi moyen* précède *midi vrai*; c'est l'inverse pour les points situés au-dessous.

FUSEAUX HORAIRES. HEURE LÉGALE — A un *même instant* l'heure — sidérale, vraie ou moyenne — est différente d'un méridien à l'autre : c'est une *heure locale*. Pour la commodité des relations, il est avantageux d'avoir, sur une assez grande étendue de la Terre, à l'intérieur d'un pays, par exemple,

                    L'ASTRONOMIE

des horloges donnant au même instant les mêmes indications : d'où l'institution du *temps légal* et *des fuseaux horaires* actuellement en usage.

On a partagé la surface de la terre en 24 fuseaux d'une largeur de 15° (ou 1 heure). Le fuseau origine est tracé *symétriquement* (7°30′ d'un côté, 7°30′ de l'autre) par rapport à un *méridien origine* qui est celui de l'Observatoire de Greenwich. Les *méridiens* dits *normaux* sont ceux qui partagent en deux parties égales chaque fuseau. Ils se trouvent à des distances du méridien de Greenwich égales à 15°, 30°, 45°, ou, en temps, à 1 h., 2 h., 3 h. Par convention, dans les pays dont l'extension en longitude n'est pas trop considérable, on adopte pour *heure nationale* l'heure du méridien normal qui traverse le pays. En tous les lieux de la Terre, au même instant, les horloges doivent donc marquer même minute et même seconde, le chiffre seul des heures étant différent si l'on envisage deux fuseaux distincts. Sur tout le territoire de la France l'*heure légale* est celle du premier fuseau, celle du méridien de Greenwich.

DISTRIBUTION DE L'HEURE — La détermination exacte de l'heure, c'est-à-dire la connaissance, à tout instant, du retard ou de l'avance d'une horloge de précision, est une besogne délicate exigeant un matériel et des conditions qui ne sont réalisés que dans les Observatoires.

Mais le secours de la télégraphie sans fil permet actuellement de transmettre sans difficulté l'heure exacte déterminée par les astronomes. Depuis 1910 l'Observatoire de Paris relié à la station radiotélégraphique de la Tour Eiffel, émet deux fois par jour une série de trois signaux horaires. Les envois ont lieu le matin à 10 h. 45 m., 10 h. 47 m., 10 h. 49 m.; le soir à 22 h. 45 m., 22 h. 47 m., 22 h. 49 m.

CHAPITRE X

Mesure des distances

PRINCIPES — On sait comment, à la surface de la Terre, on peut obtenir la distance à l'observateur d'un point visible mais inaccessible A.

L'observateur mesurera la longueur d'une base OO' (fig. 72) et des points O et O', il visera successivement le point A, déterminant les angles O et O'. Ces opérations permettent ensuite d'obtenir par le calcul tous les éléments du triangle AOO' et en particulier la distance OA. La détermination, pour être précise, exige que l'angle A ne soit pas trop aigu : il faut donc choisir une base OO'

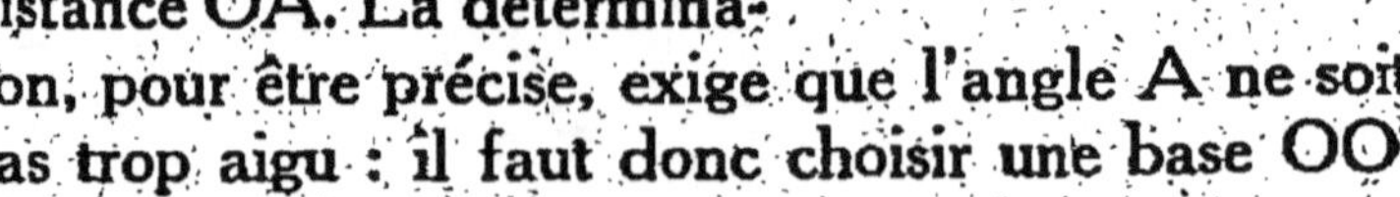

de même ordre de grandeur que les longueurs OA, O'A, ou, si la chose n'est pas réalisable, une base en différant le moins possible.

Les distances des astres à la Terre sont fort grandes et les bases dont on dispose sont relativement petites. Pour les astres faisant partie du système solaire la base employée est de l'ordre du diamètre de la Terre; pour les étoiles ce sera le grand axe de l'orbite terrestre. L'angle en A est ce qu'on appelle la *parallaxe* relative à la base OO'; elle résulte du calcul des éléments du triangle OAO'. Mais on peut, pour déterminer cet angle, procéder autrement. Imaginons que dans une direction très voisine de A se trouve un objet extrêmement éloigné A', de parallaxe *sensiblement nulle.* Visons depuis chaque extrémité de la base les points A et A' (fig. 73). La somme des angles mesurés A'OA, A'O'A différera très peu (et d'autant moins que A' sera plus éloigné) de l'angle OAO'; cette somme donnera la parallaxe du point A.

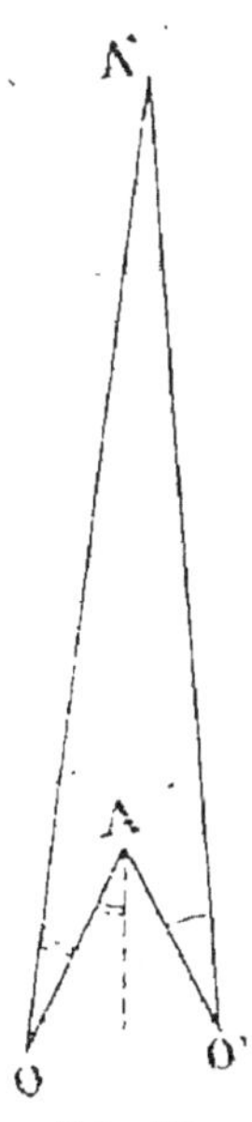

Fig. 73

L'avantage de la méthode, au point de vue pratique, est que chaque observateur O ou O' verra les deux astres voisins A et A' simultanément dans

le champ de sa lunette et que les distances angulaires, dans ce cas, peuvent s'apprécier avec une
très haute précision.

LUNE   De deux stations A et B (fig. 74) situées sur le même méridien et de latitudes
aussi différentes que possible afin d'agrandir la

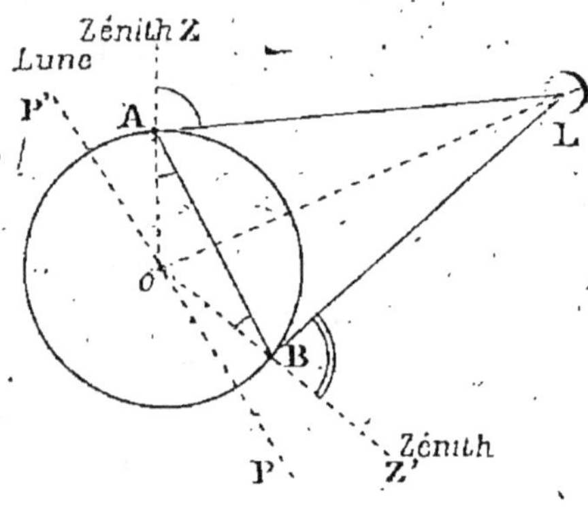

FIG. 74

base, on observe la Lune quand elle traverse le
méridien commun. Chaque observateur aura mesuré alors l'angle que fait sa ligne de visée avec
la verticale, soit ZAL d'une part et Z'BL de
l'autre. La connaissance des positions A et B à
la surface de la Terre (latitudes des observatoires)
permet de déterminer la longueur AB en fonction du rayon terrestre et les angles OAB, OBA.
Ces résultats, joints à ceux de l'observation, con-

10

duiront — la base AB et les deux angles LAB, LBA étant désormais connus — à la détermination de tous les éléments du triangle LAB.

Quand la Lune est à sa distance *moyenne* de la Terre et qu'elle se trouve dans l'horizon du lieu d'observation (fig. 75),

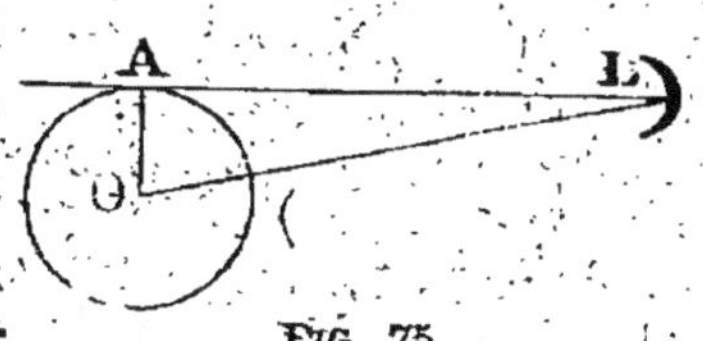

FIG. 75.

l'angle sous lequel de l'astre on voit le rayon OA de la terre vaut 57′ : c'est la *parallaxe horizontale moyenne* de la Lune. Cela revient à dire que la distance OL est égale à 60,3 fois le rayon terrestre.

SOLEIL, PLANÈTES — La troisième loi de Képler (page 92) lie les durées des révolutions des diverses planètes aux longueurs des axes de leurs orbites (les carrés des temps des révolutions sont proportionnels aux cubes des axes). L'observation fournit les durées des révolutions. Si donc la distance d'une planète quelconque au Soleil est connue, toutes les autres distances du système solaire s'en déduiront. En somme les lois de Képler, convenablement combinées avec les observations, permettent de construire un système *semblable* au système solaire, d'en faire à tout instant l'image à une échelle *arbitraire*. Mais ce que l'on veut connaître, ce sont les dimensions du système *réel*, exprimées en kilomètres par exemple. Il suffira pour cela (fig. 76) de déterminer, dans les circonstances les plus favorables, la distance de la terre T à une planète P. On a renoncé à déterminer directement, ainsi qu'on l'a fait pour la Lune, la distance ST. La parallaxe du Soleil est en effet très petite (8″,8) ; les mesures directes sont donc délicates; d'autre part les observations solaires ne se font pas avec la précision désirable pour cet objet, la chaleur solaire influençant fâcheusement les instruments de mesure.

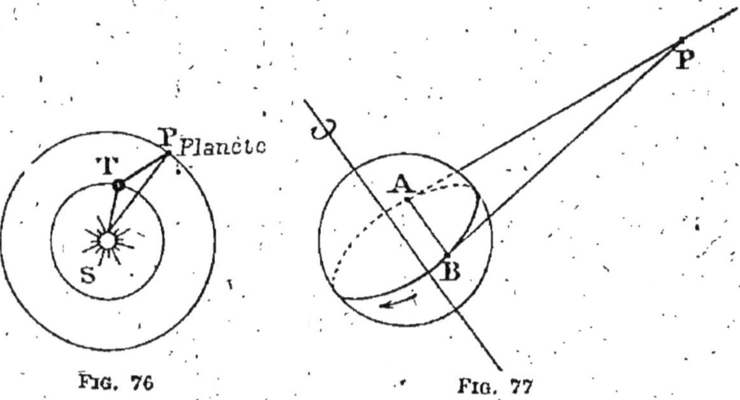

FIG. 76   FIG. 77

On choisit donc une planète s'approchant sensiblement de la Terre. Deux méthodes sont applicables : d'abord celle qui a été exposée à propos de la lune et qui nécessite deux observateurs situées sur le même méridien. Mais on peut opérer autrement (fig. 77).

En vertu du mouvement diurne, l'observateur parti de A est transporté en B douze heures après environ. Si l'on vise la planète depuis A et depuis B et qu'on note le temps écoulé entre les deux observations, on conçoit qu'on puisse tirer de ces données les éléments propres à déterminer la grandeur du triangle APB. Le calcul de la base AB découlera de la connaissance des dimensions du globe terrestre et de l'angle dont il aura tourné, en vertu du mouvement diurne, entre les instants des deux mesures. Cette méthode a été appliquée à Mars. Récemment une petite planète, Eros, découverte en 1898, et qui, en raison de l'excentricité de son orbite, passait en 1900 très près de la Terre — deux fois plus près que Mars — a permis une nouvelle détermination précise de la parallaxe solaire. On a trouvé que l'angle sous lequel on voit du Soleil, le rayon de la Terre vaut en conséquence 8″,81. La distance du Soleil à la Terre est alors égale à 149.501.000 kilomètres et la lumière solaire met 498 secondes à nous parvenir.

DÉTERMINA-TIONS INDI-RECTES — D'autres procédés indirects permettent également d'obtenir la valeur de la parallaxe solaire :

a) En vertu de l'aberration, chaque étoile décrit autour de sa position moyenne une petite ellipse dont le grand axe a la même valeur pour toutes les étoiles, et est vu depuis la Terre sous un angle que l'observation permet de mesurer et qui vaut $20''{,}47$. La théorie indique que cet angle est celui d'un triangle rectangle ABC dont les côtés de l'angle droit auraient pour valeurs la vitesse moyenne v de translation de la Terre autour du Soleil et la vitesse V de propagation de la lumière (fig. 78).

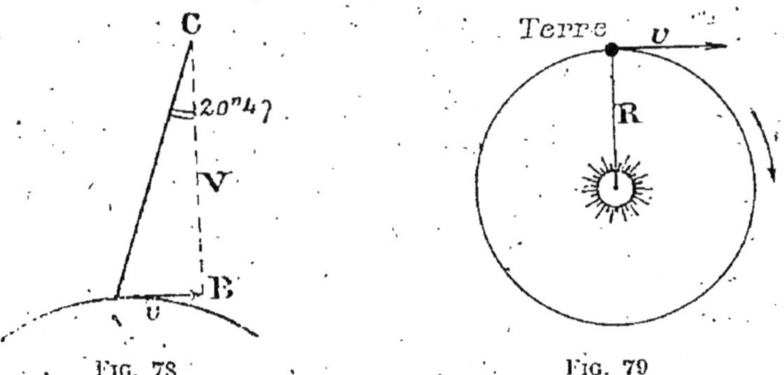

FIG. 78   FIG. 79

Les expériences des physiciens ont fourni le nombre V avec précision : $V = 299.860$ kilomètres par seconde; on en déduit v, nombre de kilomètres dont la Terre se transporte en une seconde, puis le rayon moyen R de l'orbite terrestre, la durée de la révolution (nombre de secondes contenues dans une année) étant connue (fig. 79).

b) Nous avons vu qu'en raison des perturba-

tions, les planètes ne suivent pas une route rigoureusement elliptique, mais s'en écartent peu. Il
est commode néanmoins, pour calculer d'avance
les positions des planètes, de supposer que les
orbites demeurent elliptiques mais que les ellipses
elles-mêmes changent lentement d'orientation et de
dimensions; elles se dilatent ou se contractent un
peu tout en se déplaçant légèrement autour du
Soleil. La plupart de ces changements sont périodiques; quelques-uns néanmoins vont s'accentuant
avec le temps. Ainsi, sous l'influence de l'attraction terrestre la position des périhélies de Vénus
et de Mars et les points où leurs orbites coupent
l'écliptique, changent d'une façon continue; une
observation poursuivie révélera de mieux en mieux
ces changements. Or, ces perturbations numérique-
ment connues par l'observation dépendent du rapport des masses du Soleil et de la Terre, rapport qui fait intervenir lui-même le diamètre de
l'orbite terrestre. Cela donc étant déterminé, ceci
le sera.

Le tableau de la page 100 a fourni, en millions
de kilomètres, les distances des planètes principales
au Soleil.

ÉTOILES   Les étoiles les plus rapprochées de nous
sont encore si lointaines que les méthodes efficaces
pour la Lune et le Soleil deviennent ici tout à fait

illusoires. Il est impossible de déceler la moindre différence dans la direction des lignes de visée, quand on observe une étoile de deux points très distants de la surface du globe terrestre.

La base terrestre est trop petite. Mais on dispose d'une base considérablement plus grande en pointant l'étoile à deux époques différentes de l'année, éloignées de six mois.

Les deux lieux d'où l'on fait l'observation sont alors séparés par toute la longueur d'un diamètre de l'orbite terrrestre (fig. 80).

L'angle T_1ET_2 est maximum quand les positions diamétralement opposées de la Terre en T_1 et en T_2 sont telles que T_1T_2 soit perpendiculaire

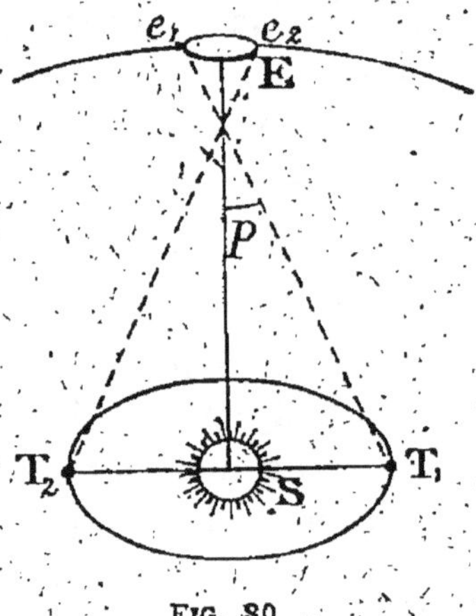

FIG. 80

à la direction SE joignant le Soleil à l'étoile; l'angle p sous lequel alors on voit, depuis l'étoile, le demi-diamètre de l'orbite terrestre est dit *parallaxe annuelle* de l'étoile. Cet angle même pour les étoiles les plus voisines de nous demeure extrêmement petit, inférieur à 1″. Et 1″ c'est l'angle sous lequel nous voyons un millimètre situé à deux cents mètres de distance. L'image de l'étoile, apparaissant pour l'observateur projetée sur le fond du ciel, semblera décrire au cours de l'année une petite ellipse $e_1 e_2$, dont les dimensions sont d'autant plus faibles que la parallaxe est plus petite. Il faut, pour mettre ces déplacements parallactiques en évidence, exécuter des mesures de haute précision qui n'ont été possibles qu'à partir du XIXe siècle.

La méthode employée est la deuxième indiquée au début du chapitre. On compare la position de l'étoile étudiée à celles de quelques étoiles voisines, de faible éclat, qu'il y a lieu de présumer beaucoup plus éloignées et qui ont, par suite, une parallaxe pratiquement nulle. Un grand nombre de déterminations de parallaxes ont été faites au moyen de la photographie. Des clichés pris à des époques différentes de l'année, révèlent les petits déplacements des étoiles à parallaxes sensibles par rapport aux étoiles notablement plus éloignées.

PARALLAXES DE QUELQUES ÉTOILES

	Parallaxes	Années de lumière
Aldébaran	0″,10	32,6
La Chèvre	0″,08	40,8
Sirius	0″,37	8,8

	Parallaxes	Années de lumière
α Centaure........	0″,76	• 4,3
Véga..............	0″,13	25,1
1830 Groombridge..	0″,07	46,6

Notre plus proche voisine actuellement connue, *Proxima Centauri*, fut découverte en 1916. Sa distance vaut les 9/10 de celle de α Centaure.

ÉTOILES TRÈS ÉLOIGNEES. A la faveur de certaines hypothèses on a déterminé les parallaxes d'étoiles et d'amas, qui échappaient par leur éloignement à des déterminations directes. On a admis, par exemple, que deux astres présentant des spectres *de nature identique* avaient le même éclat intrinsèque et que leur différence d'éclat apparent ne tenait qu'à leurs distances inégales. Connaissant alors par une mesure directe la parallaxe de l'un d'eux, il devient possible de calculer les parallaxes de toutes les étoiles du même type spectral.

En 1916, l'astronome américain W. S. Adams a appliqué une méthode spectroscopique différente. Il a pu établir entre les *éclats intrinsèques* d'étoiles à parallaxes connues et les *différences d'intensité* de deux raies particulières de leurs spectres une relation assez bien vérifiée dans tous les exemples traités. Admettant la généralité de la loi, il en déduit, pour telle autre étoile dont le spectre présente les raies caractéristiques, la magnitude absolue de l'objet; et la parallaxe s'ensuit puisque la magnitude apparente que nous observons est fonction de la grandeur absolue et de l'éloignement de l'objet lumineux.

Nous verrons (Chap. XII) que le Soleil se meut à travers les étoiles entraînant avec lui tout le cortège des planètes. La longueur de son déplacement annuel est d'environ deux fois le diamètre de l'orbite terrestre. On conçoit que l'aspect du ciel étant fixé aujourd'hui, le déplacement solaire au cours des siècles pourra réaliser une base d'observation assez grande pour que les comparaisons faites dans l'avenir permettent de mesurer des parallaxes de plus en plus faibles. Mais les mouvements propres des étoiles, mobiles tout comme le Soleil, et qu'il faudra auparavant connaître et éliminer, compliqueront le problème.

CHAPITRE XI

MESURE DES MASSES

LA MASSE La *masse* d'un corps peut être définie par la notion un peu vague de *quantité de matière* qu'il contient. Des expériences de mécanique permettent de la préciser en étudiant l'effet des forces auxquelles on peut soumettre ce corps; on mesurera dans ce but les *accélérations ou variations de vitesse* qu'il va subir.

Un principe fondamental de la mécanique pose qu'un corps soustrait à l'action de toute force conserve une vitesse *absolument constante en grandeur et direction*. La vitesse d'un mobile vient-elle à changer, y a-t-il *accélération* de la vitesse (le mot s'appliquant même si la vitesse diminue), c'est que le corps est soumis à l'action de forces.

Supposons qu'une force appliquée à un corps déterminé lui fasse prendre une certaine accélération. Dans une deuxième expérience, appliquons-lui une force deux fois plus grande. On constate que le mobile prendra une accélération double. D'une manière générale, il y a *proportionnalité* entre la *force* exercée sur le corps et l'*accélération* qu'il prend. Le facteur de proportionnalité est caractéristique du corps d'épreuve, c'est sa *masse*.

Et on écrit :

$$\text{Force} = \text{Masse} \times \text{Accélération}$$

ou

$$\text{Accélération} = \frac{\text{Force}}{\text{Masse}}$$

Varions les conditions de l'expérience et appliquons une *même force* à deux corps différents A et B. Supposons que l'accélération prise par B soit deux fois moins grande que celle de A. La masse de B doit alors être double de celle de A. Si l'on pesait les corps A et B on verrait effectivement que si A pèse 1 kilogr., B pèse 2 kilogr.

Il s'ensuit qu'un moyen de comparer des masses est de mesurer les accélérations qu'une même force leur imprimerait.

MASSES DES PLANÈTES

Nous avons écrit la relation :

Force = Masse × Accélération.

Or, d'après la loi de Newton, la force qu'exerce à une *distance donnée* la Terre sur la Lune par exemple est *proportionnelle à la masse de la Terre. Il en est de même* pour *l'accélération* que prendra la Lune dans son mouvement de chute vers la Terre.

Supposons qu'une seconde épreuve puisse être réalisée où la Terre serait remplacée par le Soleil, mais où la distance des deux astres en présence demeurerait la même que précédemment. La Lune prendra vers le Soleil un mouvement de chute dont l'accélération sera proportionnelle à la masse du Soleil, le facteur de proportionnalité étant le même que dans la première expérience. Le quotient des accélérations observées dans chaque expériences donnerait alors le rapport des masses *de la Terre et du Soleil*.

En réalité, on ne peut disposer de la Lune pour la placer à une distance arbitraire du Soleil, mais comme la loi de Newton dit que les forces varient en raison inverse du carré des distances, il en est de même des accélérations, et l'inégalité des distances n'est plus un obstacle.

Si la Lune cessait brusquement d'être attirée par la Terre, en vertu de sa vitesse acquise elle se déplacerait durant 1 minute, par exemple de

L₁ en L'. C'est l'attraction terrestre qui la fait dévier, et, dans le même temps, la Lune *tombe*

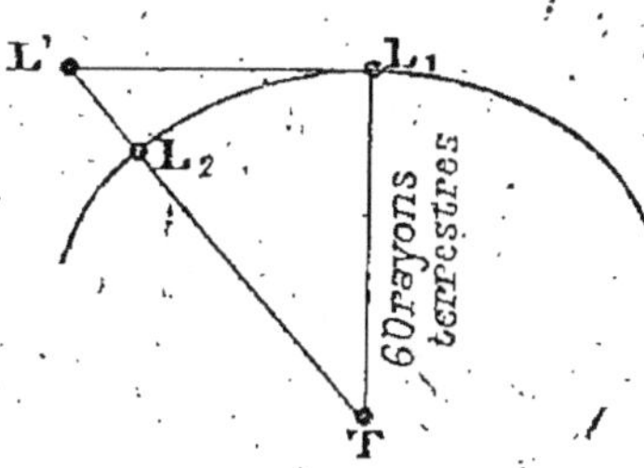

Fig. 81

vers la terre de L' en L₂, quantité que l'on peut calculer, connaissant la distance T L₂, et qui est égale à 4 m. 90 (fig. 81).

L'accélération, d'après les lois de la chute des corps est alors de

$$4.90 \times 2 = 9^m,80$$

les unités de longueur et de temps étant le mètre et la minute.

Par ailleurs, la Lune et la Terre étant toutes deux très sensiblement à la même distance du Soleil, leurs accélérations dans leur mouvement de chute vers le Soleil sont les mêmes et l'on peut raisonner en partant de l'orbite de la Terre autour du Soleil au lieu de considérer le mouvement de la

Lune par rapport au Soleil. La chute TT_1 de la Terre (et par suite de la Lune) vers le Soleil est de 10 mètres 66 par minute (fig. 82) ; l'accélération est de

$$10,66 \times 2 = 21^m,32$$

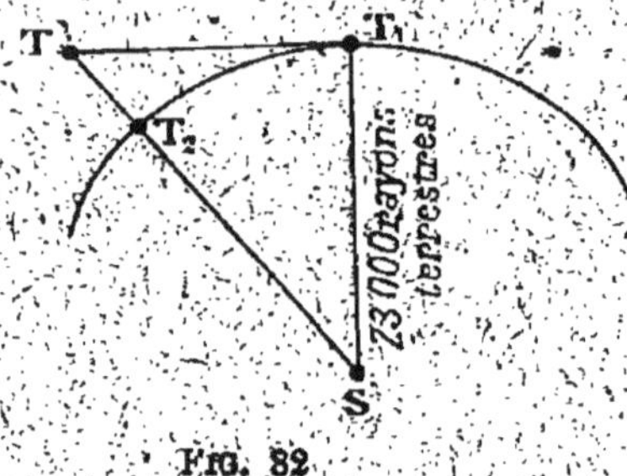

Fig. 82

les unités de longueur et de temps étant encore le mètre et la minute.

Mais la distance de la Terre au Soleil est 389 fois plus grande que celle de la Terre à la Lune. Si donc on éloignait la Lune de la Terre, autant que la Terre est distante du Soleil, son accélération de chute vers notre globe, en vertu de la loi de Newton, deviendrait 389×389 fois plus petite et ne serait donc plus que 0 m., 0000648.

On dispose ainsi des résultats qu'eussent donnés les deux expériences fictives consistant à placer un même corps d'épreuve, la Lune, à égale distance du Soleil et de la Terre et à évaluer les accélérations du mouvement de chute dans chaque cas (fig. 83).

Il s'ensuit que le rapport des masses du Soleil et de la Terre est

$$\frac{21,32}{0,0000648} = 330.000 \text{ environ.}$$

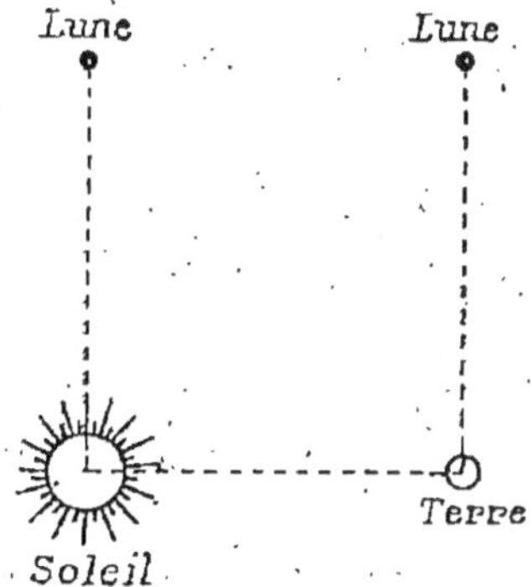

Fig. 83

Le Soleil a donc une masse 330.000 fois plus grande que celle de la Terre.

A toutes les planètes accompagnées d'un satellite on peut appliquer un raisonnement analogue au précédent. On saura donc comparer leurs masses à celle du Soleil. Il en est ainsi pour *Mars, Jupiter, Saturne, Uranus, Neptune.*

Mais on n'a pas encore découvert de satellites à Mercure et Vénus. C'est en partant des perturbations — elles aussi proportionnelles aux masses — que ces deux planètes apportent aux mouvements des autres membres de la famille solaire, qu'on est parvenu à déterminer leurs masses.

Il est intéressant d'aller plus loin et de savoir ce que valent les masses dont il vient d'être ques-

tion par rapport à celle d'un corps que nous ma-
nions à la surface de la Terre, une balle de plomb
par exemple. La détermination a été faite par
Cavendish, au XVIIIe siècle, et reprise par Cornu et
Baille, en 1905. L'expérience de Cavendish con-
sista à mesurer directement l'attraction extrêmement faible qu'exerçait une sphère de plomb pesant
158 kgs sur une petite balle toute proche. Connaissant, d'autre part, le poids de cette petite balle,
qui résulte de son attraction par le globe terrestre,
il en déduit sans peine le rapport de la masse de
plomb de 158 kilogr. à la masse de la Terre. On
en a conclu, comme on l'a dit déjà, que la masse
de la Terre est celle d'une sphère homogène de
même volume que notre globe et qui serait rem-
plie d'une substance de densité 5,56.

MASSES DES ETOILES DOUBLES On a observé la *grandeur apparente*
vue de la Terre, du mouvement orbital de
certains systèmes d'étoiles doubles. Dans
quelques cas, la distance qui nous sépare de ces
étoiles a pu être déterminée et on sait alors en
déduire les dimensions, en kilomètres par exemple,
de l'orbite relative décrite par une étoile autour
de son compagnon.

Ce mouvement orbital a lieu conformément aux
deux premières lois de Képler. On a reconnu ainsi
que la loi d'attraction de Newton ne s'appliquait

pas seulement au monde solaire, mais à tout l'univers stellaire.

Les deux étoiles composantes s'attirent *mutuellement;* l'étoile satellite tombe sur l'étoile principale et l'étoile principale tombe sur l'étoile satellite. Mais *tout se passe* au point de vue du mouvement relatif *comme si l'étoile principale était fixe et avait une masse égale à la somme des masses des deux composantes.* On déterminera donc de combien de mètres par minute le satellite tombe sur l'astre principal; la loi de Newton permettra d'en déduire ce que serait cette chute au cas où les deux composantes seraient séparées par la distance de la Terre au Soleil. La comparant à la chute de la Terre sur le Soleil, on aura le rapport de la masse du système double à celle du Soleil. On a, pour quelques groupes, obtenu les résultats suivants, montrant que les masses des étoiles sont tout à fait comparables à celle du Soleil.

	Somme des masses
α Centaure	2 fois celle du Soleil.
o² Eridan	1 » . » »
η Cassiopée	4 » » »

En fait, les deux étoiles tournent autour de leur centre de gravité (fig. 84), et quand on parle de mouvement relatif, il s'agit du chemin que semblerait décrire un des astres pour un observateur fixé à l'autre. Les masses des deux composantes sont dans le rapport inverse de leurs distances au centre de gravité et l'on peut mesurer le rapport des distances. Connaissant le rapport des masses et leur somme, on obtient facilement chacune d'elles.

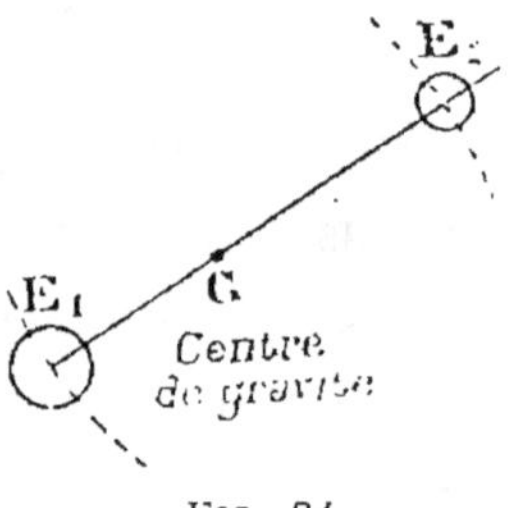

FIG. 84

On a reconnu ainsi que les systèmes binaires sont formés de composantes ayant en général des masses d'un même ordre de grandeur. Notre Soleil, unique, accompagné seulement de ses minuscules planètes est plutôt une exception dans l'univers.

CHAPITRE XII

MOUVEMENTS PROPRES DES ÉTOILES
ET DU SOLEIL

Une des entreprises essentielles des grands observatoires consiste à faire, d'une façon suivie, le *recensement topographique* des étoiles. On détermine directement les *ascensions droites* et les *déclinaisons* d'un grand nombre de ces astres qui serviront de *repères*. La photographie des différentes régions du ciel permet de rapporter aux *étoiles-repères* les positions des autres objets photographiés et d'en déduire leurs coordonnées.

Le plan fondamental auquel se réfèrent ces positions est l'équateur contemporain de la date des observations. Cet équateur est variable; mais, comme ses déplacements dus à la précession et à la nutation sont connus, on sait calculer ce que deviendraient les coordonnées d'étoiles observées à des dates différentes si elles étaient toutes relatives au *même système de comparaison*.

Pour la plupart des étoiles, il arrive que les coordonnées déduites d'observations distantes de quelques années varient progressivement. L'étoile, dans l'intervalle, s'est déplacée en vertu d'un *mouvement propre*. Ce qui est mis en évidence, en réalité, c'est la *projection ab* sur le fond du ciel du déplacement AB de l'étoile (fig. 85), ou plutôt l'angle aOb.

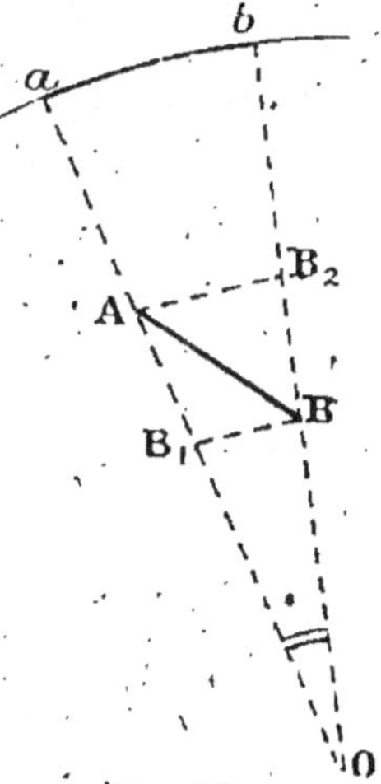

FIG. 85

La composante AB_1 du mouvement qui rapproche l'étoile de nous ou l'en éloigne a pu être révélée dans un certain nombre de cas par le moyen du spectroscope. On a vu, en effet, à propos du Soleil (page 21), que cet instrument permet de déterminer la composante, suivant la ligne de visée, de la vitesse d'une source lumineuse. Si, de plus, on a déterminé la distance OA qui nous sépare de l'étoile, on pourra de la connaissance de l'angle AOB, déduire la composante AB_2, puis, au moyen des deux composantes, la direction et la grandeur du déplacement résultant AB.

Il faut remarquer que, pour deux étoiles ayant

même mouvement résultant, le déplacement en projection *ab* sera d'autant plus faible que l'étoile sera plus éloignée. Les mesures de vitesses radiales, au contraire, faites au spectroscope, sont indépendantes de la distance qui nous sépare de l'étoile; la seule condition nécessaire est que l'astre soit assez lumineux pour fournir un spectre observable.

Deux siècles au plus d'observations suffisamment précises permettent de calculer des mouvements propres. Durant cet intervalle, ils peuvent être considérés comme rectilignes et uniformes. Il convient évidemment d'excepter de cette conclusion les étoiles doubles dont il a été question page 35, et qui, outre l'entraînement d'ensemble dont elles peuvent être l'objet, présentent un mouvement orbital.

Le Soleil, on l'a vu, offre tous les caractères d'une étoile de moyenne grandeur. Il y a lieu de penser qu'il se déplace aussi. Alors le mouvement propre observé des étoiles n'est que la résultante de leur *déplacement réel* et du déplacement apparent ou *parallactique* qu'elles subissent du fait que notre observatoire (le système solaire) n'est pas immobile.

Or, on a pu mettre en évidence le mouvement *de translation du système solaire* dans l'espace par rapport à l'ensemble des étoiles.

La projection de chaque étoile E sur le fond

du ciel subit alors de ce chef un *mouvement parallactique* $e_1 e_2$, en sens contraire du déplacement
S_1S_2 du monde solaire (fig. 86). Supposons un
instant que le Soleil ait *seul* un mouvement propre
dans le sens S_1S_2 (fig. 87) et que les étoiles E, E'...
soient *immobiles.*

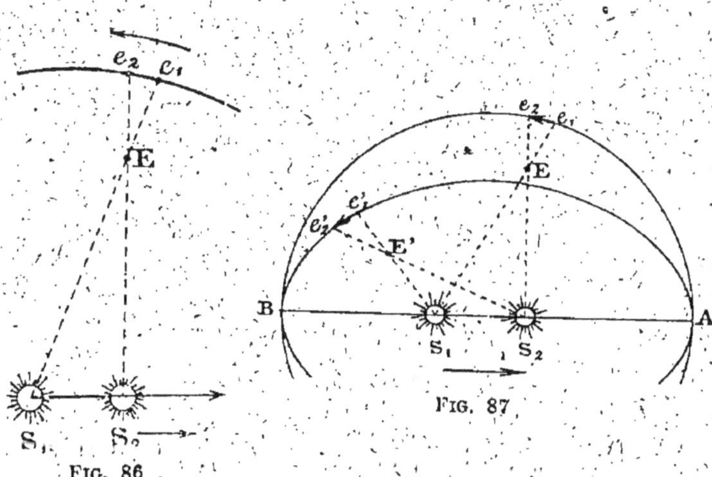

FIG. 86 .

FIG. 87

Si l'on reportait sur un globe les directions des
mouvements apparents stellaires $e_1 e_2$, $e'_1 e'_2$... elles
détermineraient une série de cercles allant se cou-
per exactement aux points A et B, dans le prolongement de la route du Soleil.

Les étoiles *sembleraient fuir* le point A vers
lequel le Soleil se dirige et qu'on appelle *l'apex.*
Le point B diamétralement opposé vers lequel elles
paraîtraient se diriger est *l'antiapex.*

Mais les *déplacements réels* des étoiles empêcheront une convergence parfaite des cercles aux points A et B. Néanmoins si l'on admet que ces mouvements réels ont lieu *dans toutes les directions*, alors que les mouvements parallactiques ont une *direction systématique*, il y aura compensa-

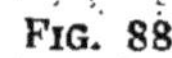

Fig. 88

tion approximative pour les premiers et les points d'intersection des cercles deux à deux se grouperont en une zone de condensation définissant une région voisine de l'apex (fig. 88).

La position de l'apex n'est pas connue; on le prévoit, avec une grande précision. Son ascension droite et sa déclinaison valent approximativement

$$AR = 277°,5$$
$$D = + 38°$$

Le point ainsi défini se trouve au voisinage de l'étoile Véga (α Lyre). La vitesse de translation du système solaire est d'environ 20 kilomètres par seconde. C'est dire qu'en un siècle notre système se déplace de 410 fois la distance séparant le Soleil de la Terre.

Les deux étoiles ayant le plus fort mouvement propre connu sont des étoiles faibles; leurs déplacements annuels apparents atteignent 8″,7 et 7″. La deuxième de ces étoiles est « *1830 Groombridge* » qui figure au tableau des parallaxes (page 151). Un observateur voyant notre Soleil à la distance moyenne des étoiles de première grandeur lui assignerait un mouvement propre annuel de 0″,58.

D'une façon générale la vitesse des étoiles augmente avec le stade de leur évolution, les plus jeunes ayant une vitesse moyenne de 4 kilomètres par seconde, les plus anciennes d'une vingtaine de kilomètres.

Les nébuleuses se déplacent avec des vitesses énormes, quelques centaines de kilomètres par seconde, ce qui laisse penser qu'elles ne doivent pas faire partie de la Voie lactée, mais constituer des Univers lointains, distincts du nôtre.

Le mouvement de transport du système solaire doit être jusqu'ici considéré comme rectiligne et uniforme, ainsi qu'il arrive des étoiles. Car si la route du Soleil présentait une courbure appréciable, elle se répercuterait sur la direction des mouvements stellaires, qui ne nous apparaîtraient plus rectilignes.

LES DEUX COURANTS D'ÉTOILES — Une étude plus attentive des *mouvements réels* des étoiles a révélé qu'on ne pouvait les considérer comme répartis absolument au hasard. Découpant le ciel en petites régions et faisant dans chacune de ces aires la statistique des directions où se meuvent les étoiles, l'astronome Kapteyn (1904) est parvenu aux conclusions suivantes : si les mouvements réels étaient véritablement distribués au hasard, *une seule tendance* générale de courant se manifesterait, ayant lieu dans la direction de l'antiapex solaire ; or, on constate, dans chaque région, que l'ensemble des étoiles semble se mouvoir *dans deux directions préférentielles.* Cela suppose dans notre univers stellaire l'existence de *deux courants* d'étoiles qui se pénètrent. Ils se dirigent vers *deux points opposés*, situés dans le plan moyen de la Voie Lactée. C'est à l'intérieur de chacun de ces courants que les étoiles se meuvent au hasard : tel l'ensemble d'un troupeau qui avance sur la route, tandis que ses individus gambadent de droite et de gauche.

Cette découverte de Kapteyn rend évidemment précaires les déterminations antérieures de l'apex solaire fondées sur l'hypothèse d'une distribution au hasard des mouvements réels stellaires.

CHAPITRE XIII

LES CONSTELLATIONS — CATALOGUES D'ÉTOILES

LES CONS-TELLATIONS L'idée de grouper les étoiles les plus brillantes du ciel en *Constellations* ou *Astérismes*, remonte à une très haute antiquité. Les désignations des diverses configurations rappellent des personnages mythologiques, des animaux ou des objets usuels. On n'a guère conservé actuellement que les noms de 88 constellations. Dans chacune d'elle, les étoiles sont désignées par les lettres grecques, α, β, γ, δ..., puis les autres par les lettres *a*, *b*, *c*..., de l'alphabet romain. L'ordre alphabétique, dans une constellation donnée, correspond à peu près aux magnitudes décroissantes. La plupart des belles étoiles, celles de première grandeur surtout, ont reçu des noms particuliers dont on trouve l'exemple au tableau de la page 27.

Certaines étoiles ne sont jamais visibles dans nos régions; elles demeurent *au-dessous* de toutes les positions qu'occupe successivement notre plan de l'horizon entraîné dans le mouvement diurne. D'autres se lèvent, brillent et se couchent; d'autres enfin, suffisamment rapprochées du pôle nord, demeurent pour nous constamment au-dessus de l'horizon. Ce sont ces dernières qui servent de point de départ et de guide pour une reconnaissance rapide des principales constellations, par le procédé des *alignements*. On va succinctement énumérer les principales constellations *visibles sous nos latitudes.*

CONSTELLATIONS BORÉALES

LA GRANDE OURSE   L'aspect de la *Grande Ourse* (ou *Chariot*) est bien connu. Les sept étoiles principales qui la composent, α, β, γ, δ, ε, ζ, η (fig. 89), demeurent perpétuellement au-dessus de l'horizon de nos régions; elles sont de deuxième magnitude, sauf δ qui est de troisième.

Les étoiles α et β sont appelées les *gardes*. Nous voyons la distance $\alpha \eta$ sous un angle voisin de 25°, la distance $\alpha \beta$ sous un angle de 5° environ. Tout près de l'étoile ζ (Mizar) se trouve une étoile de sixième grandeur (Alcor), que les bonnes vues peuvent découvrir; elle est facilement visible à travers une jumelle.

**ALIGNE-
MENTS A
PARTIR DE
LA GRANDE
OURSE** Si l'on prolonge la ligne des gardes dans le sens β α de cinq fois sa longueur environ (soit la longueur α η), on rencontre l'*Étoile Polaire*, très voisine actuellement du pôle; elle n'en est éloignée que de 1°,8′. La Polaire, de deuxième grandeur, est à

**LA PETITE
OURSE** l'extrémité de l'alignement de la *Petite Ourse* dont la configuration ressemble à celle de la Grande Ourse; mais son orientation est opposée, sa longueur moindre (19° au lieu de 25°), et ses étoiles sont plus faibles dans l'ensemble (fig. 89).

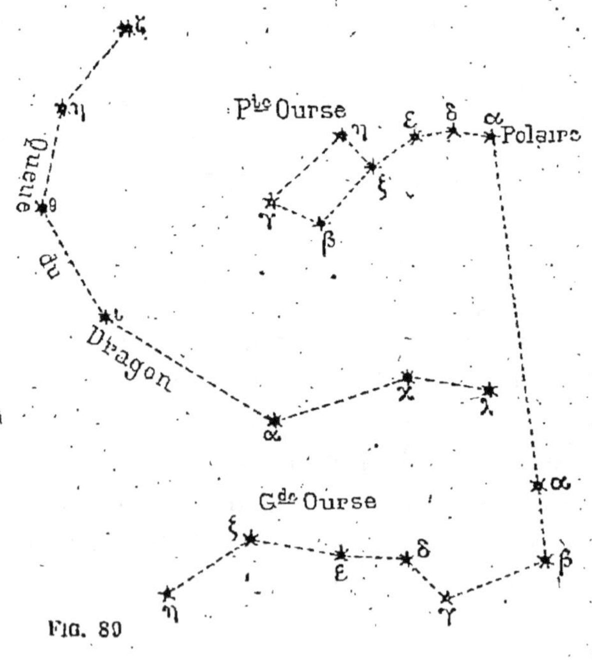

Fig. 89

LE DRAGON. Entre les deux *Ourses* s'étend une ligne sinueuse d'étoiles faibles (fig. 89), de troisième grandeur au plus, qui constituent la *Queue du Dragon*. La constellation contourne la Petite Ourse, puis se dirige en sens contraire et forme un trapèze, la *Tête du Dragon*. Ce trapèze est voisin de la belle étoile Vega (α de la Lyre) de grandeur zéro.

CASSIOPÉE OU LA CHAISE. En joignant la queue de la *Grande Ourse* (ϵ, ζ, η) à la *Polaire*, et en prolongeant cet alignement d'une longueur égale à lui-même, on tombe au voisinage de *Cassiopée*,

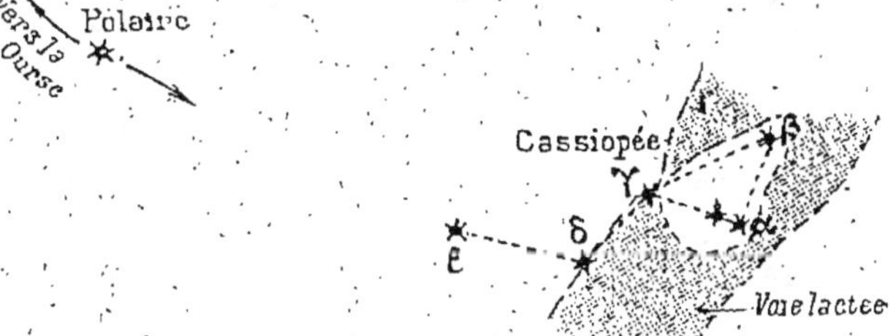

Fig. 90.

constellation figurée par 5 étoiles principales en forme de W. Elle est partiellement plongée dans la Voie Lactée (fig. 90).

LA CHÈVRE La *Chèvre* (Capella) est la plus brillante étoile de la constellation du *Cocher*. On la

COMÈTE DE DANIEL.

rencontre en prolongeant la direction γ β de la Grande Ourse de deux fois environ la largeur δ η de cette constellation; on la retrouve encore dans l'alignement de la queue de la *Petite Ourse* à une distance de 43°. La *Chèvre*, de grandeur 0,2, est une des plus belles étoiles du ciel boréal; elle est proche de la Voie Lactée.

LA LYRE　　　　Dans une position symétrique du *Cocher* par rapport à la Polaire, on reconnaît dans la constellation de la *Lyre*, la belle étoile *Vega*, entre la tête du Dragon et la Voie Lactée. En outre, la constellation est caractérisée par 4 étoiles β, γ, δ, ζ, figurant un parallélogramme (fig. 91).

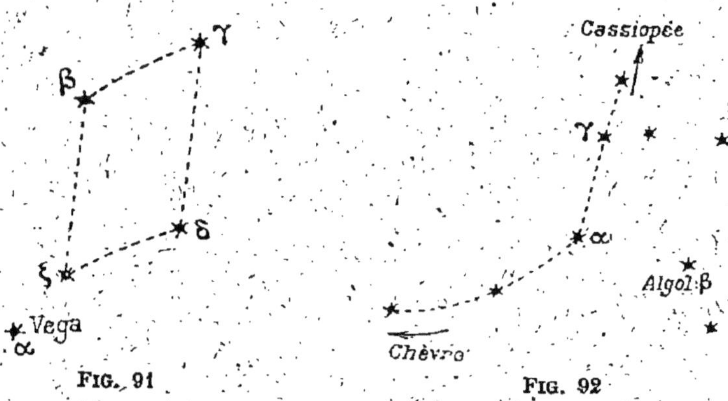

FIG. 91　　　　　　　　　　　FIG. 92

PERSÉE　　　　Entre *Cassiopée* et la *Chèvre*, la constellation de *Persée* dessine un arc dont la concavité est tournée vers le pôle (fig. 92), un peu en

12

dehors de cet arc, se trouve la célèbre étoile variable *Algol* (β Persée). L'astérisme renferme également un amas.

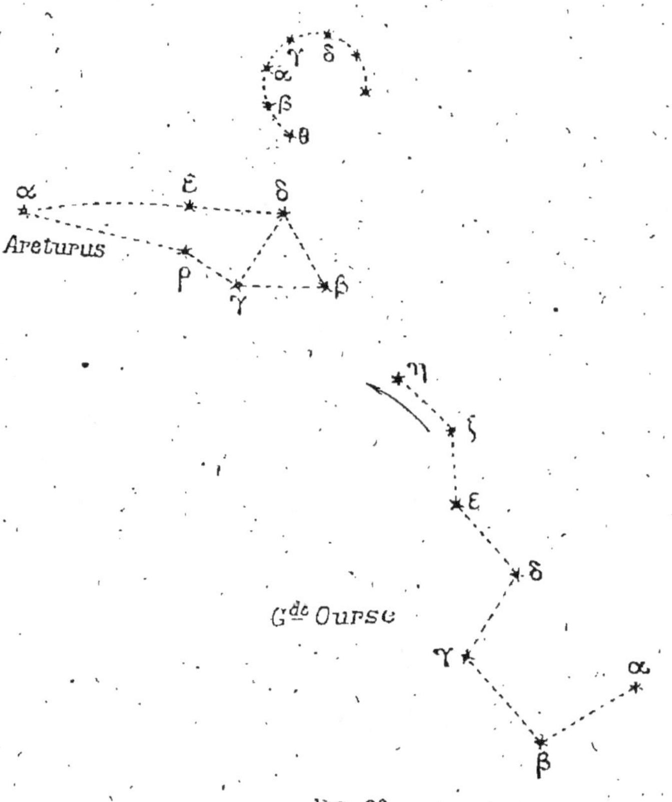

FIG. 93

LE BOUVIER — En imaginant prolongée la courbe qu'amorcent les trois étoiles ϵ, ζ, η, de la queue de la Grande Ourse, on aboutit, à une distance de 31° environ, à l'étoile α du *Bouvier*, ou *Arcturus*, de teinte orangée (fig. 93).

Toute proche, la *Couronne Boréale*, renferme sept étoiles principales disposées en demi-cercle et dont la plus brillante α est la *Perle*.

CERCLE DE PERPÉ-TUELLE AP-PARITION — A l'exception de la *Lyre* et du *Bouvier*, les constellations qui viennent d'être décrites sont visibles toute l'année *sous la latitude de Paris;* elles se trouvent à l'intérieur du *cercle de perpétuelle apparition*. Si l'on imagine la calotte sphérique ayant le pôle pour centre et pour ouverture la latitude d'un lieu donné, la limite de la calotte est, pour ce lieu, le cercle de perpétuelle apparition. Les étoiles qui y sont contenues n'ont *ni lever, ni coucher*.

CONSTELLATIONS
EQUATORIALES ET ZODIACALES

Douze constellations jalonnent le tour de l'écliptique. Ce sont les constellations *zodiacales*, qui, d'ouest à est, se succèdent dans l'ordre suivant : les *Poissons*, le *Bélier*, le *Taureau*, les

Gémeaux, le *Cancer*, le *Lion*, la *Vierge*, le *Scorpion*, le *Sagittaire*, le *Capricorne*, le *Verseau*.

Les constellations dites *équatoriales* sont celles qui avoisinent l'équateur.

On va décrire rapidement les unes et les autres, dans l'ordre où elles passent au méridien au voisinage de minuit, à partir de l'époque de l'équinoxe d'automne (21 septembre). De mois en mois les mêmes étoiles traversent ensuite le méridien deux heures plus tôt.

ANDROMÈDE PÉGASE   Symétriquement à la *Polaire* par rapport à *Cassiopée*, se trouve la constellation d'Andromède, qui renferme une nébuleuse visible à l'œil nu.

Andromède se trouve entre *Persée* qu'on a déjà appris à reconnaître et le carré de *Pégase*. L'étoile α Persée et les principales d'Andromède et de Pégase, reproduisent sensiblement, mais à une échelle double, la disposition de la *Grande Ourse*.

ORION, LE TAUREAU, LE GRAND CHIEN   *Orion*, la plus belle constellation du ciel, visible en nos régions, est sur l'alignement *Polaire-Chèvre*, prolongé de une fois sa longueur. *Orion* dessine un grand trapèze (fig. 94), dont deux sommets sont *Bételgeuse* (α) et *Rigel* (β). A l'intérieur, trois étoiles alignées, de deuxième grandeur environ, figurent le *Baudrier* ou les *Trois Rois*. Au-dessous, autour de l'étoile θ, se trouve une magnifique nébuleuse.

Le prolongement du *Baudrier* passe sensiblement par *Aldébaran*, puis par l'amas des *Pléiades*. *Aldébaran*, à l'extrémité d'une branche d'un V, dans le groupe des *Hyades* est la plus belle étoile de la constellation du *Taureau*; elle est de teinte orangée. La ligne du *Baudrier*, prolongée vers l'est, rencontre *Sirius*, de la constellation du Grand Chien, l'étoile la plus éclatante du ciel.

Fig. 94

LES GÉ-MEAUX. LE PETIT CHIEN — La branche du V dont fait partie *Aldébaran*, prolongée du sommet vers Aldébaran, passe par les *Gémeaux*, *Castor* et *Pollux*. Cette constellation se retrouve encore dans l'alignement δβ de la Grande Ourse. Entre les *Gémeaux* et *Sirius*, se rencontre le *Petit Chien* et sa principale étoile *Procyon*, de première grandeur.

LE LION. LA VIERGE — Le *Lion* est symétrique de la *Petite Ourse*, par rapport au trapèze de la *Grande Ourse*. C'est un astérisme assez étendu formé par un chapelet incurvé d'étoiles de deuxième et de troisième grandeur et une belle étoile de première grandeur. *Régulus*.

La *Vierge*, qui succède au *Lion* dans le zodiaque, a pour étoile principale (α) l'*Epi* dans l'alignement α γ de la Grande Ourse.

LE CYGNE L'AIGLE — Proche de la *Lyre*, dans la Voie Lactée, se trouve la croix du *Cygne*, symétrique des *Gémeaux* par rapport au pôle. Puis, en suivant la Voie Lactée vers le sud-ouest, on rencontre l'*Aigle* avec *Altaïr*, de première grandeur. Deux autres étoiles plus faibles l'encadrent, rappelant la disposition du baudrier d'Orion, et formant un alignement qui, prolongé au nord, passe par Vega.

CARTES CÉLESTES ET CATALOGUES

Pour acquérir une connaissance plus approfondie du Ciel, aller plus loin dans l'identification des étoiles, et *préciser davantage* leurs positions respectives, il faut faire usage de cartes et de catalogues.

Les catalogues modernes publient, rapportées à l'équinoxe et l'équateur d'une certaine année, les ascensions droites et les déclinaisons de milliers d'étoiles; en plus, ils fournissent les données utiles pour tenir compte des légères modifications qu'apporte, avec le temps, la précession aux valeurs des coordonnées.

On a également dressé des cartes, représentant une portion plus ou moins étendue du ciel et où figurent naturellement des astres d'autant plus faibles que l'échelle est plus vaste.

CARTE PHOTOGRAPHIQUE DU CIEL — Les progrès de la photographie astronomique ont permis une entreprise internationale, conçue vers 1885 par des savants français, les frères Henry, réalisée quelques années plus tard et qui est sur le point d'être complètement achevée. Il s'agissait de fixer sur chaque cliché une image du ciel embrassant un carré dont les côtés ont 2° d'amplitude. La plupart des grands observatoires coopèrent à l'œuvre, chacun photographiant, au cours de l'année, une bande du ciel. On recueille ainsi les positions de plus de dix millions d'étoiles, jusqu'à la quatorzième grandeur. Chaque cliché porte en outre la trace d'un *réseau*, quadrillage très régulier, dont les côtés sont orientés suivant une série d'arcs de cercles analogues aux méridiens et aux parallèles terrestres, et qui permettent de mesurer facilement les différences d'ascension droite et de déclinaison des étoiles du cliché.

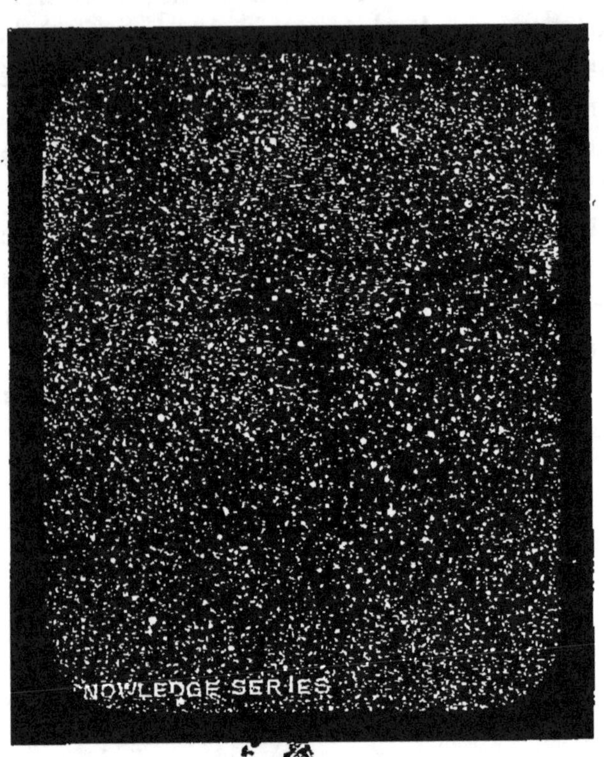

LA VOIE LACTÉE
dans la région de ξ Cygne.

Nébuleuses dans les Pléiades.
(*D'après une photographie de* Isaac Roberts.)

CHAPITRE XIV

HYPOTHÈSES COSMOGONIQUES

Les pages précédentes ont exposé une série de faits astronomiques nettement établis. Parmi les hypothèses introduites, la loi de Newton explique la généralité des phénomènes observés d'une façon si parfaite, qu'on peut la considérer sinon comme l'expression même de la vérité qu'on ne saurait avoir la certitude d'atteindre, du moins comme son approximation très grande. D'autres hypothèses, qui se sont présentées à propos de la constitution du Soleil ou pour expliquer la formation des queues cométaires se fondent sur des expériences de physiciens, faites dans les laboratoires, et sont l'extension et la généralisation de résultats acquis.

On s'appuie sur des bases moins solides, quand de l'état actuel de l'Univers on cherche à conclure son histoire dans le passé et à prédire son avenir, quand on édifie une *théorie cosmogonique*.

Le contrôle fourni par les connaissances actuellement acquises permet de rejeter, comme sans fondement scientifique, les hypothèses cosmogoniques antérieures à celles de Kant (1755) et de Laplace (1796). Les idées de ces deux auteurs sont d'ailleurs voisines sur plus d'un point.

KANT ET LAPLACE — La matière dont sont faits le système solaire et les étoiles s'étendait à l'infini sous forme de poussière dans un état de raréfaction extrême. Si tout y avait été homogène et au repos à un instant donné, cet état de repos se fut conservé indéfiniment. Mais si l'*homogénéité* n'y était pas *parfaitement* établie, des molécules plus denses, situées de place en place, devenaient des centres d'attraction où la matière se précipitait et se condensait et le vide se faisait entre les molécules ; de là l'origine du Soleil et des étoiles.

Mais les particules se dirigeant sur la molécule centrale, frottant les unes sur les autres, se gênant mutuellement, prennent une circulation commune de même sens qu'elles imprimeront à la masse centrale à laquelle elles s'incorporent.

On parvient donc à une vaste nébuleuse animée d'un mouvement de rotation autour d'un axe dont la direction se conserve. Les chocs des molécules lui ont donné une température élevée. La rotation tend à imprimer à la masse la forme d'un ellipsoïde aplati. C'est d'une nébuleuse arrivée à ce stade de son évolution que part Laplace pour expliquer la formation du système solaire.

L'atmosphère d'où est né notre système s'étendait jusqu'à la plus éloignée des planètes et tournait tout d'une pièce. Sa surface extérieure s'est refroidie et contractée. Or, chaque molécule, en son mouvement, devant obéir à la *loi des aires* (page 67), comme il est démontré en mécanique, la vitesse de rotation augmentait quand les dimensions de l'ellipsoïde diminuaient. Sur la surface externe les particules animées des plus grandes vitesses se trouvaient les plus éloignées de l'axe de rotation; c'étaient les éléments voisins de l'équateur. Au moment où la force centrifuge y a contrebalancé l'attraction du reste de la masse, un anneau s'est détaché, continuant à tourner avec la période qu'avaient les éléments au moment de sa formation. La contraction de la masse centrale se poursuivant, des anneaux successifs se forment à la distance du centre où circulent actuellement les planètes. Les plus éloignées auront la période la plus longue.

Les planètes résultent de la rupture des anneaux. La moindre irrégularité dans la structure de ces anneaux donnait naissance à un centre d'attraction qui absorbait peu à peu toute la masse annulaire. La vitesse des particules du bord externe de l'anneau étant plus grande que celle du bord interne, la première prédomine et donne à la planète en formation un mouvement de rotation sur elle-même de même sens que son mouvement de circulation (fig. 95).

FIG. 95

Cette planète naissante est encore à l'état gazeux et des satellites vont lui naître par le même mécanisme que celui qui a formé les planètes à partir de l'atmosphère solaire.

La théorie nébulaire de Laplace est très séduisante par sa simplicité. Elle explique les mouvements généraux du système solaire : translation des planètes dans des orbites presque circulaires et peu inclinées les unes sur les autres, orbites des satellites, rotation du Soleil, des planètes, unité de sens pour tous ces mouvements. Néanmoins elle a prêté à des critiques. Il n'est pas prouvé que des anneaux de matière nébuleuse, comme l'imagine l'hypothèse, se seraient détachés de *distance en distance* seulement, et d'ailleurs ces anneaux, de densité très faible, se seraient sans doute segmentés en nombreux fragments incapables de s'agglomérer en une masse unique pour former une planète.

On peut imaginer avec Kant, Faye, See, que dans la nébuleuse primitive, Soleil et planètes se sont formés presque simultanément, chacun autour d'un noyau propre d'attraction. Les noyaux planétaires, moins denses que la masse centrale, étaient attirés par elle le long de trajectoires que les frottements et la résistance du milieu tendent à rendre circulaire comme le prouve la théorie mathématique. Même processus pour la formation des satellites à partir des planètes, les satellites à circulation rétrograde provenant peut-être de matière étrangère, attirée, *captée* par la planète.

Les comètes se seraient formées aux limites extérieures de la nébuleuse après la naissance des principaux noyaux. Comme le vide était déjà avancé dans les espaces interplanétaires, les comètes n'ont pas rencontré de résistance sur leur route qui est demeurée très allongée.

Les théories dites *nébulaires* de Kant, et surtout de Laplace et de ses successeurs, avaient pour but principal d'expliquer la genèse de notre système planétaire. Mais leurs hypothèses ne tenaient pas compte des formes si caractéristiques que présentent les très nombreuses nébuleuses spirales observée de nos jours.

HYPOTHÈSE PLANETESI-MALE MM. Chamberlin et Moulton, au contraire, s'y sont attachés. Leur hypothèse *planétésimale*, émise vers 1900, tente d'expliquer la naissance de ces nébuleuses spirales, puis de notre système solaire avec ses planètes et leurs satellites.

Plus d'un milliard d'étoiles se meuvent en tous sens dans l'espace ; un rapprochement de deux d'entre elles est donc un fait probable qui a dû se produire souvent. Supposons donc qu'une étoile passe près d'un astre à tendance explosive, tel que notre Soleil, dont les protubérances manifestent bien ce caractère. Des jets de matière vont s'échapper de l'astre, et cela dans deux sens opposés,

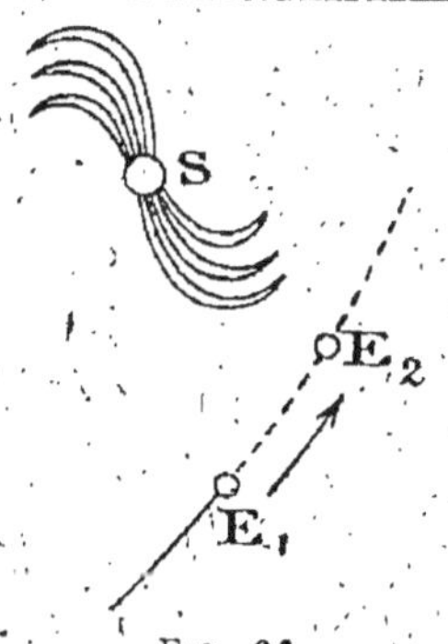

Fig. 96

celui de l'étoile et la direction inverse ; tout comme les marées océaniques, sur Terre, s'élèvent dans la direction de la Lune et à l'opposé (fig. 96). Mais ces courants de matière attirée par l'étoile E qui se déplace vont s'incurver d'une part dans le sens du mobile, et de l'autre côté se produira une courbure symétrique : c'est la naissance d'une nébuleuse spirale. Les traînées seront constituées par des noyaux entourés d'une sorte de brume.

Si l'étoile passe fort loin de l'astre, son attraction est faible et la matière peut retomber sur l'astre dont elle émane, augmentant ou retardant sa rotation propre suivant le sens de la vitesse des corpuscules. Si l'étoile a passé plus près, l'attraction est suffisante pour que la matière demeure détachée de l'astre, chaque élément suivant désormais une orbite elliptique, parabolique ou hyperbolique. Car la forme spirale est celle de *l'ensemble* du courant, mais chaque corpuscule *particulier* circule d'une spire à l'autre sur une orbite

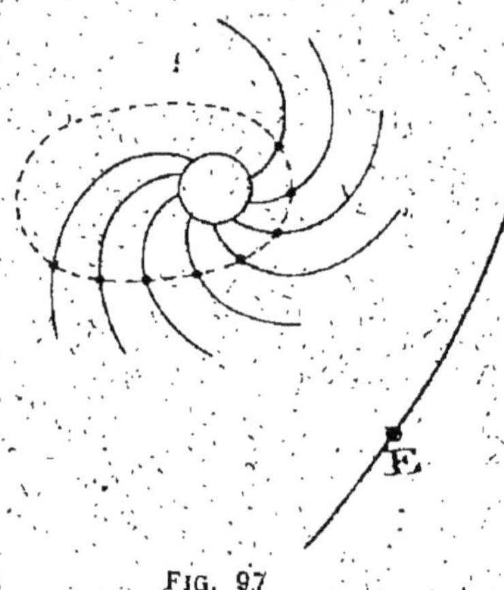

FIG. 97

généralement elliptique (fig. 97). Toutes les orbites sont sensiblement dans le plan de l'orbite perturbatrice, devenu le plan de la nébuleuse spirale. Les noyaux formeront des planètes, attirant la matière répartie dans leur sphère d'influence. Les collisions tendent à *arrondir* les orbites en même temps qu'elles impriment aux noyaux leurs mouvements de rotation. Exceptionnellement des rotations en sens inverse du mouvement spiral peuvent se produire, comme aussi certains corpuscules circulant dans ce sens rétrograde peuvent être captés par les noyaux et former des satellites ne circulant plus dans le sens général.

La multiplicité même des théories cosmogoniques — il en existe bien d'autres en dehors de celles rappelées ici — laisse penser qu'on ne peut accorder à aucune un crédit absolu. Il convient de rappeler que Laplace, présentant sa formation du système solaire, le faisait « avec la défiance que doit inspirer tout ce qui n'est pas un résultat de l'observation ou du calcul ».

NÉBULEUSE SPIRALE DE LA GRANDE-OURSE.
(*D'après une photographie de l'Observatoire de Lyck.*)

TABLE DES MATIÈRES